大濠の季節
勝瀬志保
海鳥社

はじめに

タイトル『大濠の季節』そのまま、「大濠」という都心の場を経糸《たていと》、「季節」という日常の時を緯糸《よこいと》に模様を織っていく。NHK福岡放送の映像でお馴染みの大濠は、福岡を訪れたことのある人ならば知っていよう。そこで先に「季節」という、これまた誰もが使う言葉の方を少し考えてみたい。移ろいを感じさせる四季という語でなく、少々野暮ったい季節をあえて選んだのには訳がある。

　たとえば広辞苑には、季節とは「四季の、そのおりおり。折。時節。シーズン」とあるけれども、この一年間、二十四節気ごとに日を区切りながら大濠を歩いていたら、季は春夏秋冬の四季をいい、節は二十四節気のことではないだろうかと思えてきた。そこで四つの季と二十四の節気で一年を組み立てる。

　もう一つ、なぜ十二か月では、あるいは睦月、如月ではいけないのか。とかく暦には政治が介入する。現代の太陽暦であれ、太陰暦であれ、

江戸時代まで使っていた折衷の太陽太陰暦であれ、為政者が暦を作る。明治初めに正月があの日に決まったのは当時の日本の立場。現在の世界共通の一月一日、おそらくインターネットでつながれているぐらいの地域だけだとしても、西暦二〇一一年はもちろん、平成二十三年というのも人の暦にすぎない。

　もっと草木や小さな生きものたちの営みに寄り添う一年の区切り方はないだろうかと探していて節気にたどり着く。地球を中心に天空に描いた太陽の通り道が黄道で、赤道を天空に投影したのが天の赤道、太陽が北半球側に移る、黄道と赤道が交わる日がまず春分と定められた。対局の南半球側への交差点が秋分、二つの間をそれぞれ十二分して二十四節気としている。

　一年は春分に先立つ立春に始まり、春、夏、秋、冬、それぞれに六節気が割り当てられる。日本では夏至に太陽がいちばん近くなり、冬至に最も遠くなるのだけれど、気温的には地表や海水の温度が変わるまでのずれがある。とにかく太陽の運行が基本だから、生きとし生けるものに平等な光が注ぐ。

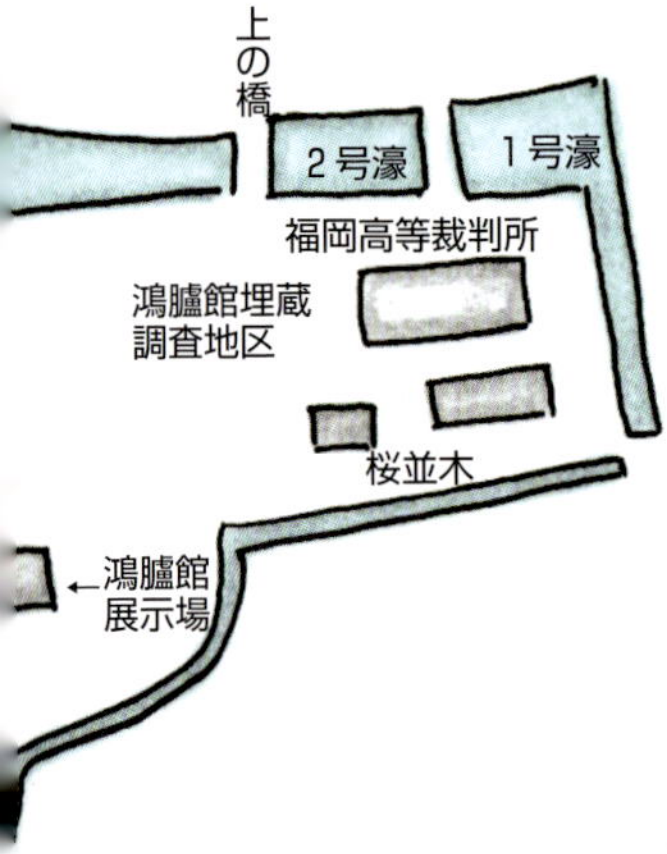

〈鎌倉以前の大濠〉

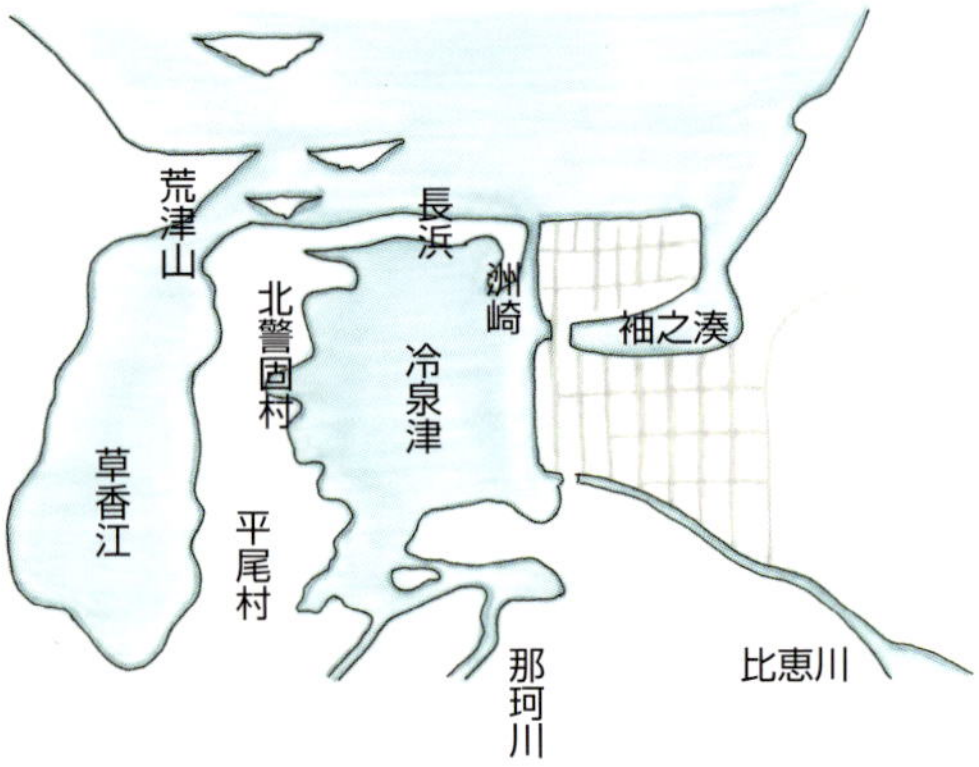

〈江戸時代の大濠〉

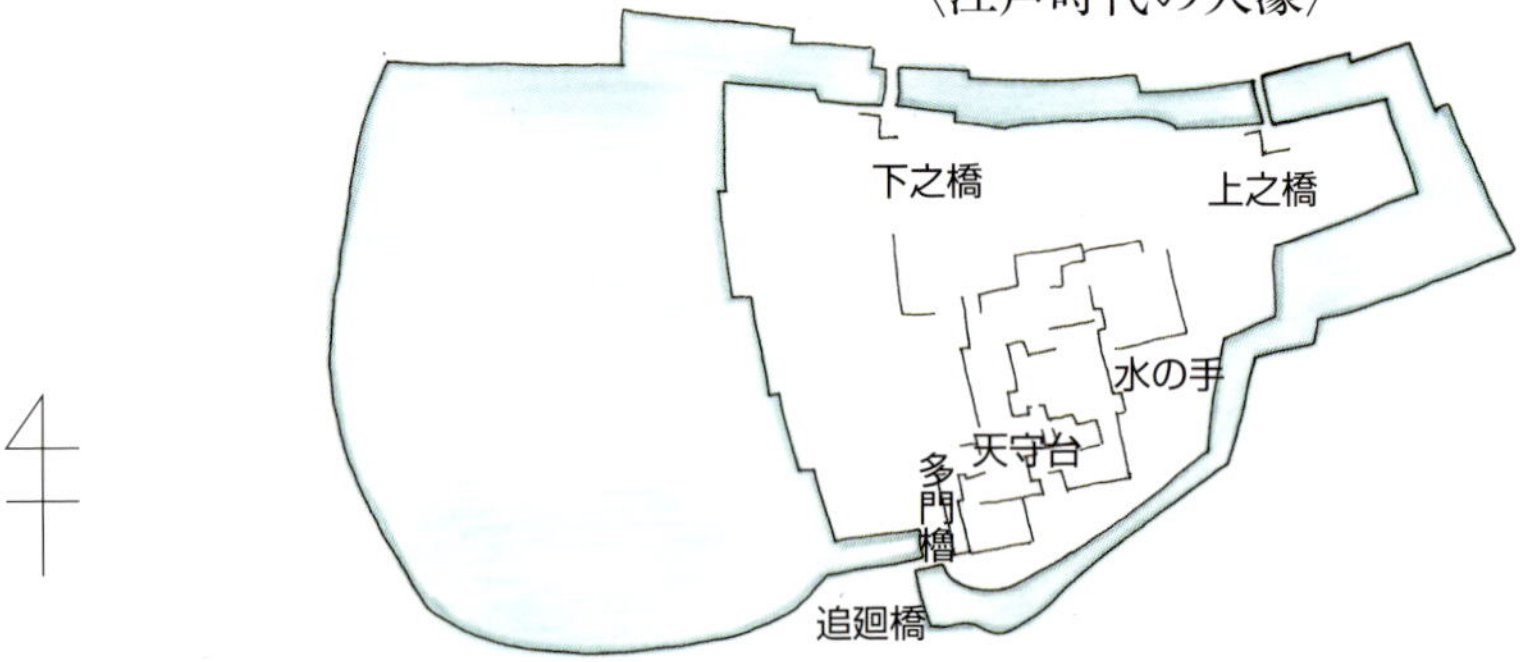

次は「大濠」のこの本の中だけの定義だが、そう呼びたいのは町名の大濠でも、大濠公園のことでもない。上の大きな方の地図をじっくり見てもらうと、西端は大濠公園で区切るとして、東側は北の蓮濠から折れた水路が福岡高等裁判所の裏を南に回り込み、警固中学校の運動場に沿って、護国神社前の六号濠まで細々と続く。豊かな水をたたえた大濠と、蓮濠と水路に隔てられて、緑が途切れずに守られている。

公園で括ると、県営の大濠公園、市営の舞鶴公園、はみ出しの裁判所の敷地が含まれ、呼び方がややこしい。もっとこの範囲を的確に裏付けるのは福岡城の濠の形。かろうじて姿を止める水路は、どうも、城を取り囲んでいた広々とした濠の名残らしい。水路脇の桜並木から見上げる位置の裁判所建物、鴻臚館南の林の傾斜、その先のけやき通りとの高低差、福岡市美術館東裏から簡易保険事務センター東側まで途切れながら続く草深い土手が、当時の福岡城のあった台地を物語る。

というわけで、外周を濠に囲まれた、南北

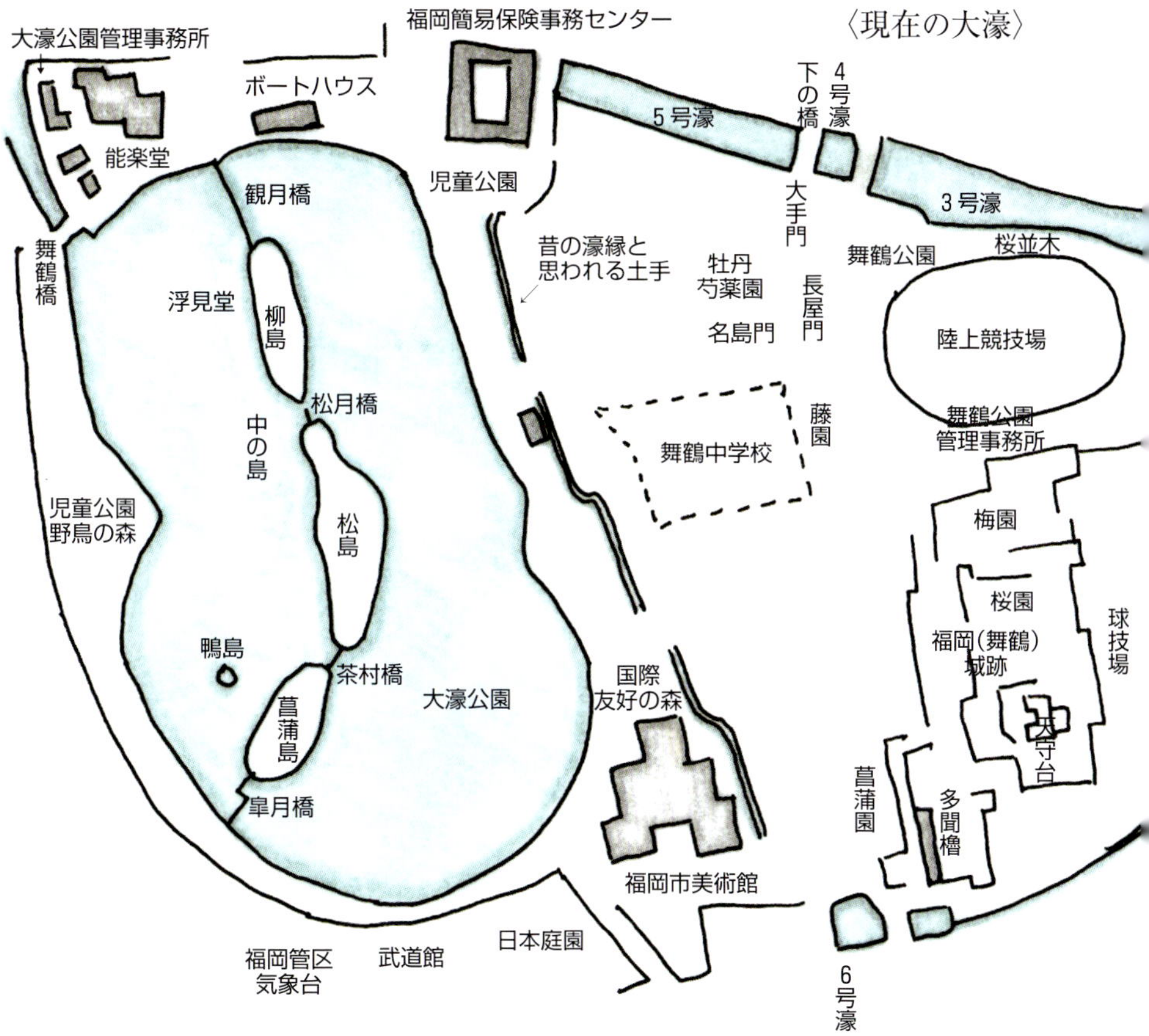

およそ八五〇メートル、東西およそ一五〇〇メートルの範囲を、この本では「大濠」と呼びたい。

補足すれば、もう少し時代を遡った大濠の地形が、住吉神社の絵馬に伝わる。そこには秀吉の茶会も明記されているが、たった四百年余でこんなに地形が様変わりするのだろうか。後生の話を重層的に追加しているのかも知れない。平尾村というのは南公園あたり、警固村というのは赤坂から舞鶴につながる高台あたり。その先に鴻臚館があって、長浜が砂州のように東西に延びていたらしい。

草香江が内陸なのにどうして江なのか長年疑問だったが、この古図によれば荒津山、つまり西公園から深く入り込んだとてつもなく大きな入江だったようだ。想像しがたいが、天神あたりはすっぽり海の底というわけ。今なお城址には巨樹が帯に連なり、鬱蒼とした森を形作っている。古くは岬だった証なのかもと考えながら眺めると、またちがった見方が展開する。

この歴史に付け加えたいのは、日本の植物

学がこの地から始まったという誇らしい事実。江戸前期に活躍した福岡藩士で儒学者、貝原益軒が一七〇八年に七十九歳で『大和本草』を書く。植物について詳細な記述を残した最初の本草学者といわれる。私的には現在蔓延してる生活習慣病対策として、『養生訓』をしっかり活用させてもらっている。

現代の大濠地図を縮小して、各節気の左下に置いた。該当の節気で紹介した中から五種ほどの草木を色分けした印で点描する。同種のすべてを拾い上げたわけでもないし、あの広さに対してこの印だから絶対的な位置というわけにもいかない。それに帯状に点在するところは間隔を空けた複数点で表した。探すための目安、名前を同定するための手助け、というぐらいのおおらかさで参照してほしい。

要約すれば内容は、誰もがどこかで一度は目にした事柄を、客観的に並べ直したにすぎない。きっかけさえつかめば誰にでも見えてくる日常的なできごとだ。できるだけ走りで取り上げたつもりだから、だいたい節気内に見ることができるはずだが、その年の気候変動やそれぞれの

草木の事情、人為的に加えられた外圧で、時期がずれることもあるだろう。地図同様、時期の目安程度に考えて諦めずに見続け、自分なりの出合いを楽しんでほしい。

索引にも工夫した。例えば、花の時期にその樹を見つけ、実はどんな様子だろう、紅葉するのだろうかと気になった場合、巻末の索引で調べられる。特に美しかったり、驚かされる変化は極力拾い上げたつもりだから、ある程度追えるのではないだろうか。もちろん、在処を示した地図のページも索引でわかる。

掲載した写真は、ほとんどを二〇〇九年十一月から翌二〇一〇年十月までの一年間に撮影した。カメラはCanon EOS KissX2で、すべてオートフォーカス。レンズは同社のＥＦ50㎜Ｆ１・２ＬとマクロＥＦ100㎜Ｆ２・８の二本、記録は一二二〇万画素、手持ち、大多数はフラッシュなし設定。植物五百八十七枚、小動物六十八枚、人の動き二十一枚、その他五枚を使った。とはいえここで紹介できたのは、大濠の動植物のほんの一部といわざるを得ない。

デジタルカメラはおもしろいなぁとつくづく

感じたのは、解像度を上げると目視では見えないことが、パソコンに取り込めばはっきり写っている。例えば、アオスジアゲハの雄が、意中の雌に対して繰り広げた歓喜の舞だが、足が上になって宙返りをしているなぞ、目ではとても確認できなかった。雌しべや雄しべの奇々怪々な姿、種の摩訶不思議な成り立ち、チョウやトンボたちの個性的な彩り、まるでルーペで拡大したかのような発見を伴う。

身近な季節の移り変わりをデジカメで写し、たった一枚きりの絵はがきを家庭用のプリンタで作って、離れて暮らす家族や親しい友達への便りにするのも心が弾む。ジョギングコースを退屈しながらグルグル回るより、少し道順を複雑にして土径を加え、自分なりに季節を切り取る撮影を途中に挟めば、それこそ運動ノルマを達成する励みにもなるのではないだろうか。

この一年間、結構しつこく写真を写していたら、数多くの方々に声をかけられた。

「こっちからの方が感じが出ると思うよ」

「ここにもちがう花が咲いてます」

また、ヒメオドリコソウの小さな花を這いつ

くばって写していたら、いつの間にか後ろに人が集まっていて、立ち上がりざまに「倒れてあるのかと思いましたよ」と、笑われたことも。

一眼レフの見てくれから、数時間に及ぶ撮影談義に発展したことも。「本の活用方法だけど、自分で観察したことや疑問などを、ページの空いた部分に色ペンを使いわけてどんどん遠慮なく書き込んで、自分だけの宝本を作るとすばらしいね」とのアイデアもいただく。

今後も大濠を歩き回り、撮影を続けるつもりなので、カメラを首からさげたそれらしい六十台のおばさんを見かけたら、気軽に声をかけてほしい。植物のこと、虫や鳥たちのこと、天空のこと、写真の撮り方や画角、濠のこと、季節のこと、互いに話が弾むのではないだろうか。自然との出合いはもちろん、大濠を共有する人たちとの出会いも私の大事な心の養分である。

蛇足ながら、芝生の上のカラスは寄り添う二羽で、しみじみデートを楽しんでいたのか、私のシャッター音に気づいて、慌ててパッと別々の方角へ飛び去った。無粋で申し訳ない。

大濠の季節◎目次

春

column

夏

column

秋

column

冬

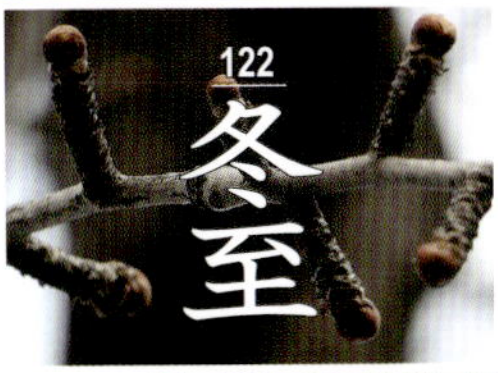

column

春

立春　雨水　啓蟄

春分　清明　穀雨

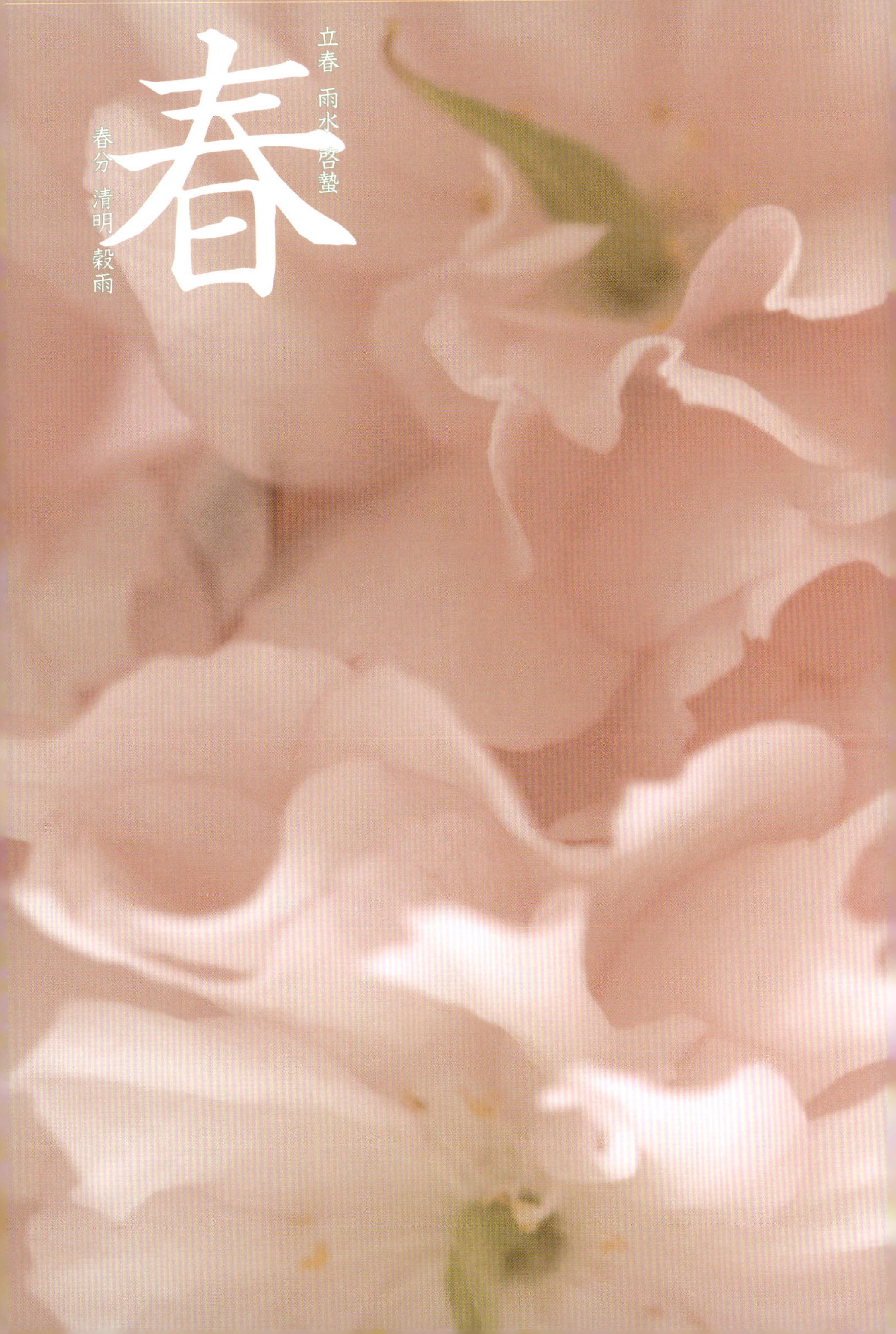

立春《りっしゅん》

二月四日ごろ

青い星屑のようなオオイヌノフグリが春いちばんと思っていたら、どうももっと小さな白っぽい花をつけるフラサバソウの方が先のようだ。暖かい昼間など気温が十度に達することもあるが、立春とはいってもまだまだ寒い。とにかく暦では節分の翌日から新しい春。よくよく見れば、シダレヤナギも芽吹き間近、オオイタビも小さな新葉を開き始めている。

　福岡高等裁判所と中央区民センターの間の桜並木の土手が何でもいちばん先のよう。北と南を大きな建物に挟まれ、陽だまりになっていて、空っ風が吹き抜けないからか。まず、フラサバソウに背の低いナズナが加わる。明治通り側の蓮濠の土手にはホトケノザの茎を円で囲む葉が立ち上がってきた。深紅の蕾も葉の付け根に隠れているので、じき咲き出すだろう。ふと柵の向こうを見ると、丸い葉のスミレが群れ咲いている。微かに香るのでニオイスミレかもしれない。

　シジュウカラの夫婦が張り出したクロマツの枝に巣をかけようかと見定めている様子。卵を抱くにはまだ早いと諦めたのか、後日訪れたときに姿はなかった。南から中の島へ渡る橋の袂に竹囲いのうっそうとした林がある。その濠面に突き出し

ノボロギクの花[⬆]とタンポポに似た綿毛[⬈]。野のぼろのような菊とはあんまりな名前だが、群れ咲いている[➡]ときれい

ユリカモメの幼鳥[⬉]の羽の模様は成鳥になると消えて白くなる。頬の墨ぼかしはそのまま同じ。大濠で見られるユリカモメの衣装は、この１年未満の幼鳥と、繁殖のため北へ渡る前に、気が早いのがいて頭が黒くなる婚姻色、冬の扉(108ページ)になっているのがその成鳥で、そんなに大きい方ではないのに、大濠ではいちばん幅をきかせる。

ハシビロガモ[⬅右]と目を合わせるとつい吹き出してしまう。これは雌だが、雄だっていつも上目遣い。くちばしのへらも他の鴨に比べて大きいし、羽の模様も大風呂敷だ。渡ってくる頭数が少ないので、バッタリ合えるとなんだかうれしい。

固まる前のセメントの上を歩いた犯人はいったい誰？[⬉]

今日もカメラマン[⬅]が三脚を立てている。ウメに始まってサクラ、フジ、ボタン、ショウブ、アジサイ、シャクヤク、ハス……、季節ごとに被写体になりそうな花が咲く

た枝に美しいカワセミが止まる。舞鶴橋あたりには少し大きなイカルやイソヒヨドリ、注意深く探せば都心に珍しい鳥も多い。

　中の島は三つの島を四つの橋がつなぐ。昭和二年と橋を架けた年が刻まれているから、そのころ島も造成したのだろう。北の柳島に五十三本、中の松島は百五十七本、南の菖蒲島に五十一本の似通った背丈のクロマツが並ぶ。マツは自分以外の草木が生えないように何か放出しているらしい。中の島だけは茶色い松葉が積み重なることはあっても、草が繁茂することがない。

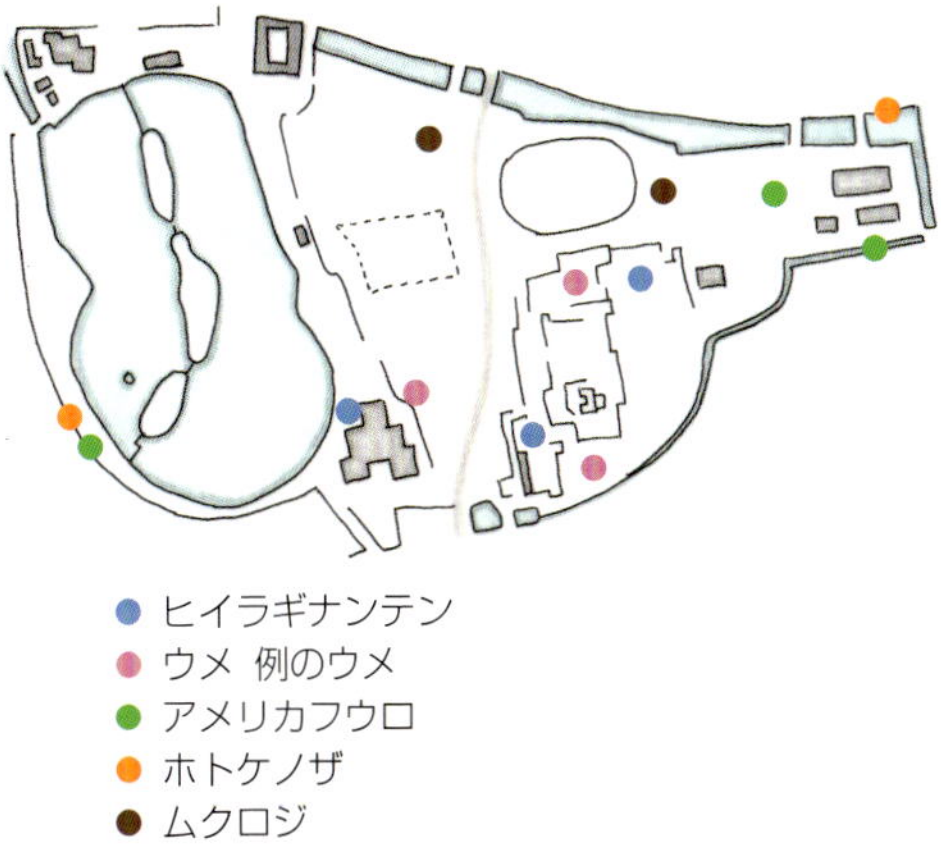

在来種が姿を消し、アメリカフウロばかりが目立つ

遅ればせながら、葉の形がちがうもの、花の形や色、咲く期間がちがうもの、匂いがあったりなかったり、茎の成り立ちがちがうものといろいろなスミレに気づく。大雑把なことにこれまで「スミレ」１つで片づけていた。大濠でさえ５種類はあったし、探せばまだ見つかるだろう。厚い図鑑なら30種類ほど取り上げていて、日本のスミレだけで１冊の図鑑にもなっている。スミレは種をたくさん作るので、在処と葉の形を覚えて後に種を採取し、植木鉢で育ててみるのもおもしろい。

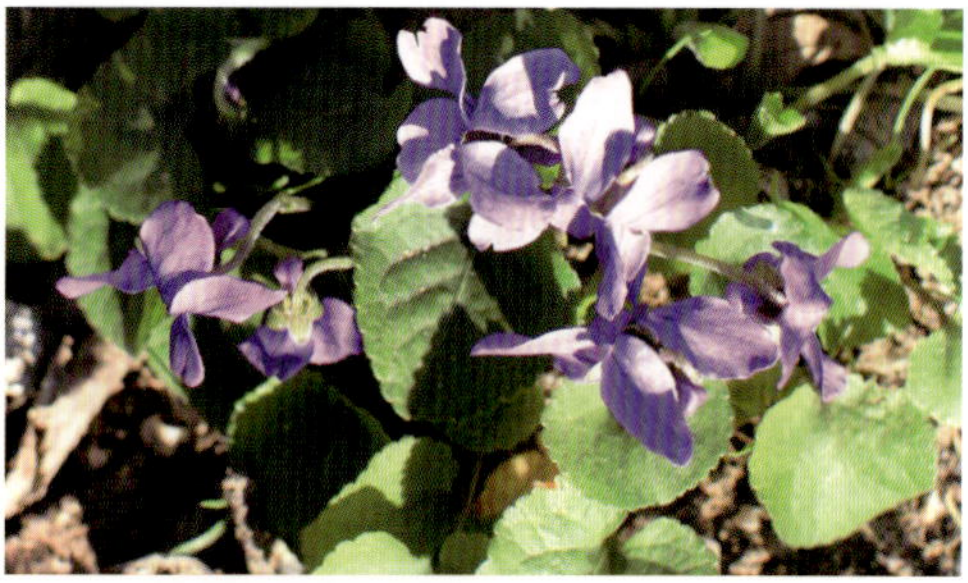

微かな甘い香りを漂わせるニオイスミレ

イヌホウズキの丸い実

春先は目立つが１年中咲くイヌホウズキ

ヒイラギナンテンのブーケのような花

いろいろ仕掛けのあるホトケノザ

盆栽のように形が整ったウメを定点観察

切れ込みのある半円の葉が、四角い茎に向かい合わせにつくため、仏の蓮座のような丸い段を形づくる。それがホトケノザの名の由来なのだが、ここからがややこしい。
春の七草で歌われるホトケノザはコオニタビラコのこと。丸座布団を敷いたようなみずみずしい葉が乾いた田んぼにまず茂る。粥(かゆ)に入れて胃を養生するのはこっちの若菜。花が咲くのは同じ時期だが、上のホトケノザは食べられない。増殖力はすさまじく、すぐに一帯を占領する。

春になっても鈴なりのムクロジ

雨水《うすい》

二月十九日ごろ

雪や氷が溶け出して雨になるのが雨水。とはいうものの大濠の場合は、年に数回しか雪は降らないし、氷が張ることは滅多にないので感覚はずれる。それでも確実に陽射しは変わったのだろう、あちこちで青いオオイヌノフグリの群落と黄色のセイヨウタンポポが目立ってきた。と思うまもなく、エンドウ三姉妹が順番に伸び出す。

まず年長のカラスノエンドウが濃いピンクの花をつけ、カスマグサとスズメノエンドウは隣り合わせに生えていることが多く、厳密にはどちらが先とはいい難い。よく似た後二つの区別は、カスマグサは花が紫でいちばん上の花びらがめくれあがる。スズメノエンドウの花は白っぽく尖ったまま。鞘の中の種も、中の姉のカスマが四個で、末娘のスズメは二個、長女の数が最も多い。見かける頻度もカラスノエンドウが出張っている。

十一月に花をつけ始めたヤブツバキが、およそ四か月咲き続け、二月末には土道なりに落花を散りばめる。そんな時分、多聞櫓《たもんやぐら》の下、木造の上がり段を降りた途端、目の前に赤い花が山積みにしてあった。横の大きなヤブツバキの古木がここ数日で落とした花数だろう。花ばかりこんなに掃き集めてあると、色が強烈な赤だけに、わけもなく

カタツムリの恋[⬅上]。この石垣の下の隙間にもう一頭いた。雌雄同体なのだけれど……。陽射しが暖かくなって、テントウムシ[⬆]をよく見かけるようになってきた

朝露なのか霧雨なのかスズメノカタビラにびっしり水滴がつく[➡]。まだ食べるものが少ないからだろうか、この実をスズメがよくついばむ。スズメに着せる単衣の着物という意味らしいが、今になっては想像しがたい。他にもスズメウリ、スズメノエンドウ、スズメノヒエと冠した植物名は多い。スズメノヤリ、スズメノテッポウなどと物騒なものも。
これに対するのがカラスウリ、カラスノエンドウ、カラスムギ。カラスとスズメで大きさを比べる。加えればムギにはネズミムギ、イヌムギなどという草もあるらしい。

枯れ葉そっくりのゴマダラチョウの幼虫[⬆]。後に夏の大暑で成虫のチョウの横顔を紹介するが、これがあれと驚くほどの変態ぶり

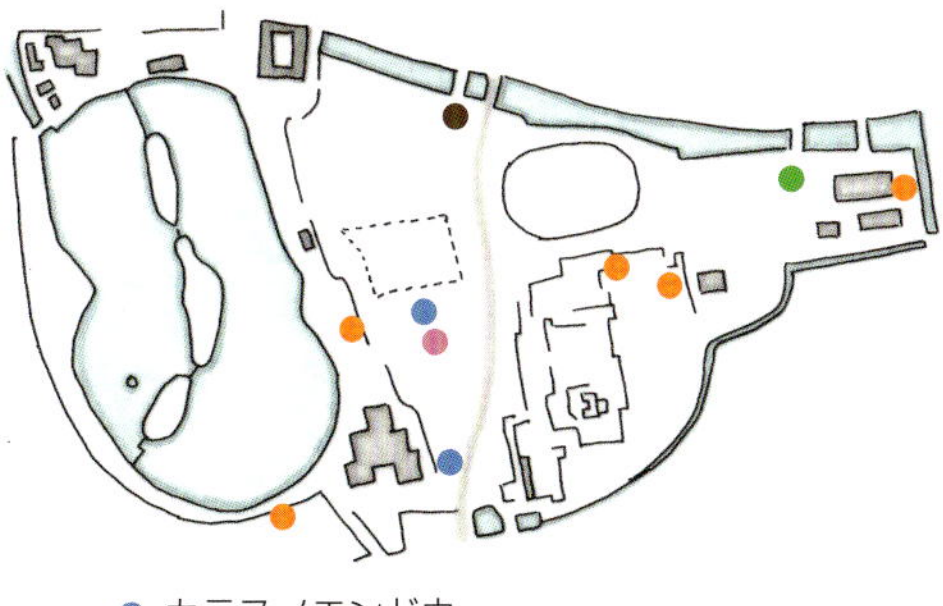

● カラスノエンドウ
● スズメノエンドウ
● クサイチゴ
● タブノキ
● 例の切株

ドキッとする。

ヤブツバキの蜜はメジロの大好物、長い間かかって黒く熟れたクスドイゲの実も小さな鳥たちの貴重な食べ物らしい。何の鳥かはわからずじまいだが、メジロほどの身軽な小鳥が葉むらを忙しく出たり入ったりしている。どこか遠くでウグイスも声高に鳴く。後に冬の小寒で咲き始めを紹介するシキミの花がこのころ満開。悪しき実からシキミの名がついたのだから、全体が有毒で扱いは要注意。けれど、レモンイエローの清々しい花は美しい。

花も葉も大きなカラスノエンドウ[⬆左]、カラスとスズメの間という意味でカスマグサ[⬆中]、最も小さなスズメノエンドウ[⬆右]。見かけるようになるのはカラスノエンドウがいちばん先。草原の仲良しエンドウ三姉妹

苺まで育ってほしいクサイチゴの花[⬆]。何か所かで見かけたが赤い実にはお目にかかれなかった

キュウリグサ[➡]は小さな花だがパステルカラーの水色と淡いピンクがとてもロマンチック。最初は茎の先に花穂がクルクルと巻き込まれていて、咲くにつれて次第に伸び上がる

下からかつがつ実になるナズナ

タネツケバナはその名の通りの繁殖力

頭を突き出すスズメノヤリ

芽吹き始めたシダレヤナギ

春先にこの切株[⬅]を見つけたとき、樹皮の周りにトゲトゲと立っているのは何なのか不思議に思う。いわれのない執着心を感じて「例の切株」と名づけ、日を追って、季節を重ねて見続けていたら、だんだんとその疑問が解けてきた。これもその１つだが、園内にはあちこちにいろいろな切株が残っている。寿命で倒れて中が朽ちた大きな切株、台風で裂けて倒れたまだ若い木の切株、不要な場所で大きくなって切り倒された株。天守台の南のものなど相当立派な木だったろうと当時を偲ばせる。
まだ生きている木の切り口は平板で虫や菌を寄せつけない。本体が死んでしまった切株は他の小さな生き物たちの揺りかご。湿めり具合で茸が顔を出したり、昆虫が穴をうがって卵を産んだり、切株になっても利用価値はまだまだ高そう。

長いこと閉じていた芽をやっと開いたタブノキ

これだけヤブツバキの落花が集まるとドキッとする

啓蟄《けいちつ》

三月六日ごろ

啓蟄初日の六日にソメイヨシノの先駆けがほころびたものの、虫が地面に這い出るころなのに、冬の断末魔なのか十日に横なぐりの雪が一時間半ほど降る。次いで思い残すことなく春本番にまっしぐら。間髪を入れずにイチョウの芽の先が割れている。枝がしなやかなニワトコの花が春風に揺れ、アラカシの赤やスダジイの黄色い新葉がうな垂れる。気の早いヒメウズやオドリコソウもポツポツと見かけるようになる。どうも寒の戻りがスイッチになったらしい。

大濠で最も数が多いミシシッピアカミミガメは、夜店で売られているミドリガメの親亀。手に負えなくなって濠に放したのが発端だろうが、適応能力が高かったのか、今では在来のイシガメやクサガメを圧倒する。冬眠が短いのか、早々と息を継ぐために水面から鼻面を覗かせていた。陽射しが暖かくなるこの時期は、土手や土管の上で何匹も群れて日向ぼっこをしている。目尻から後ろに伸びた赤い模様が目印で、よく見ると愛嬌がある。短い手も足も精いっぱい甲羅から出して、首も伸びるだけ突き出して陽に当てる。仲間といっしょで、なんとも気持ちよさそう。

我もの顔に泳ぐブラックバスやブルーギルの台

日増しに伸びるカラムシの葉をしっかり探すと、薄緑に白い縦線模様のアカタテハの卵[↖]が見つかることがある。とても肉眼では見えない葉の毛と比べて卵の大きさが想像できるだろうか
ミシシッピカアミミガメ[⬆]が陽射しを求めて甲羅干し。効率的に体温を上げようと甲羅から首も手足も長々と出す
外来種に押されて数が減っている在来のイシガメ[⬆]
雨上がりに100本単位でキノコ[⬅]が伸びた

いちばん咲きのソメイヨシノは3月6日。いったがいいのか悪いのか、2か所見つけて両方ともが公衆便所の横というのがおかしい

コブシ[➡]は辛夷とも書くけれど、意味からいうと拳。なよなよとした白い花がどうして鉄拳なのだと不思議に思う。季節が過ぎてやがて納得。ゴツゴツした関節の骨までそっくりの奇妙な実がなった。いびつに割れて糸を引き赤い種子が吊り下がる。白い花より、こっちの方が印象的だったわけだ。

頭もそうだが、もっぱら人間が生物界を攪乱する。春草の例ではフラサバソウやオオイヌノフグリなどもそう。小さく紛れやすい種が、何かをきっかけに運び込まれて、新天地に根づくと爆発的に増える。その勢いで前からあった近似種の、どこかかれんなイヌノフグリが姿を消すようなことが起こる。セイヨウタンポポとニホンタンポポのせめぎ合いもいい例。たくさんの人が行き来する場はセイヨウタンポポの進出がめざましく、草深くあまり入り込まないような所にニホンタンポポはひっそりと生き延びている。

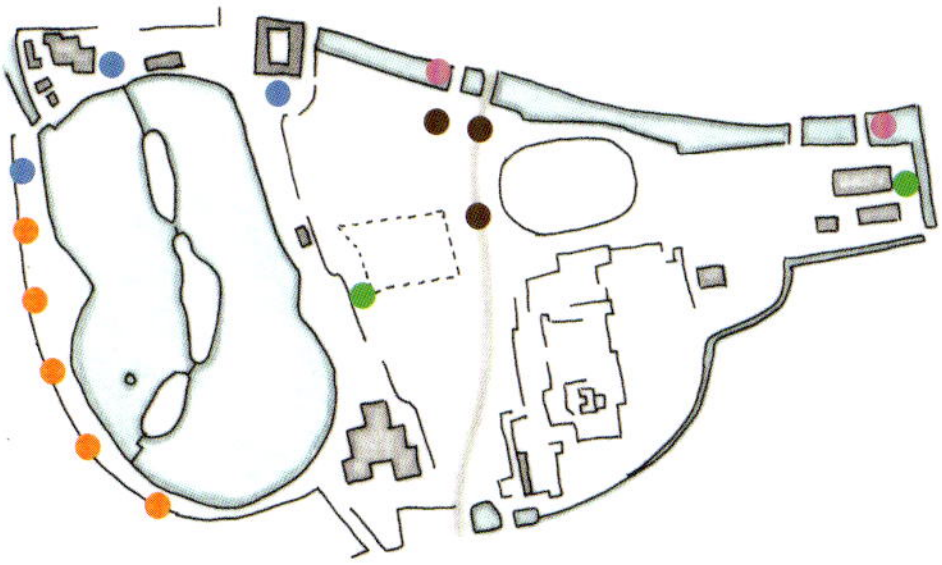

● コブシ
● ミシシッピアカミミガメの集団甲羅干し
● ニワトコ
● メラノキシロンアカシア
● アセビ

エノキは花と新芽が同時

ナツグミは実も花も葉も点々模様

たとえば、エノキは花が咲いて枝先に新葉が開く。ムクノキは新葉が蕾を抱え込む。シダレヤナギは葉が出たら、すかさず緑色の花がふくらむ。ニワトコは花を新芽でくるむ。

葉が子孫を残すために姿を変えたのが花。だとすれば落葉樹の葉と花の連動は納得がいく。

エノキがややこしいのは雄花と雌しべと雄しべを備えた両性花があること。ムクノキは新枝の下に雄花が、雌花が上部につく。同じニレ科のケヤキも同じだが上の雌花に両生花が混じる。秋咲くアキニレは両性花のみでわかりやすい。

やさいし枝ぶりのニワトコ

ヤマモモの花も早い

シダレヤナギも花が咲いた

メラノキシロンアカシアが花盛り

アセビがスズランのような花をつける

熊本の人吉で茶請けにイタドリがでた。子どものころに道草して食べたスカンポの懐かしい味を思い出す。図鑑で調べるとイタドリは雌雄異株で７～10月に花が咲くとあった。大濠で花を最初に見かけたのは５月末、６月にはあちこちで咲き乱れ、梅雨に入るとパッタリ見なくなる。そして再び９月に大樹の下草に咲いているのを見つけて、一般的な期間内だし、木陰だし、人為的な草刈りが時期を狂わせたのかもと見過ごしにする。ところが咲く箇所が次第に増えて、初夏に見かけた所とも重なっていく。

イタドリの若いときがスカンポ

小米のようなセントウソウ

キュウリグサに似たハナイバナ

春分《しゅんぶん》

三月二十一日ごろ

楚々としたこのオオシマザクラ[➡]が、エドヒガンとともにソメイヨシノの片方の親といわれている。桜餅を包む葉としても生活に身近な存在。ソメイヨシノが近年の流行だが、昔の日本人が愛でた桜はこっちの方かも

　彼岸の中日、いよいよ春の中央だ。日本の春といえばサクラ、月末までソメイヨシノの花見客で賑わう。五十年ほど前は西公園がみごとだったが、今は陸上競技場北側や高等裁判所の裏、城趾の桜園などが一世を風靡する。四、五十年といわれる短い寿命の終わり間近、古木が精一杯に花をつけている。

　惜しむらくは花見の席取りに大きなブルーシートが使われること。西公園時代はまだ蓙《ござ》が主流で、淡いサクラの色を損なうことはなかった。ブルーシートはどうしてあの色でなければならないのだろうと考え込むほど強烈。一面の薄紅色のサクラを上から眺めたいと天守台に上がっても、間を埋めるブルーシートで興ざめ。小さめの座布団を使うとか、草の上に直接座っても気にならない服にするとか、いい思案はないものだろうか。日本古来の花を愛でるやさしい心も受け継ぎたい。

　甘く香るモチノキの雄花に続いて、少し離れた土手に雌花を見つける。花の外見は同じだから、これとあれが雌株と雄株だとすぐわかる。雌花の方は匂いがないけれど、昆虫たちに雄しべの花粉をつけてきて、雌しべの先に受粉してもらう別の手だてを仕掛けてい

花粉を貯め込んで一休みするコハナバチ［⬅左］
異性にもてようと婚姻色になったユリカモメ［⬅右］はどう見てもひょうきん
道行く人を視聴者に、女学生が津軽三味線の練習を始めた［⬅左］
どこから飛んできたのかワスレナグサが１株咲き乱れる［⬅右］

圧倒的な花の数で人々を魅了するソメイヨシノ［⬆］だが、その実から次世代が育つことはないらしい

るのだろうか。じっくり眺めていてふと、花をつける枝と新葉を広げる枝は別だということに気づく。

日陰にへばりついて這うように葉を広げ、紫色の小さな花をたくさんつけるキランソウが目立ち始めた。別名はジゴクノカマノフタ、彼岸のころ墓場に生えるから、先祖の霊を封じ込める蓋という意味らしい。と恐ろしげな一方、民間療法では咳や痰を和らげ、胃を丈夫にし、熱を下げる薬として用いられ、医者倒しと勇ましい名ももらっているそうだ。

シャクは一メートルほどすくっと立ち上がるので、草としてはかなり背が高い方ではないだろうか。美術館の東裏やヒマラヤシダの後ろに白い花が一面に咲く場所がある。小さいけれど数が多く、同じ白花で斜面全体が埋まるから、その有様はなかなか壮観。セリの仲間で若葉は食べられるというので、そのうち少しだけ試してみたい。

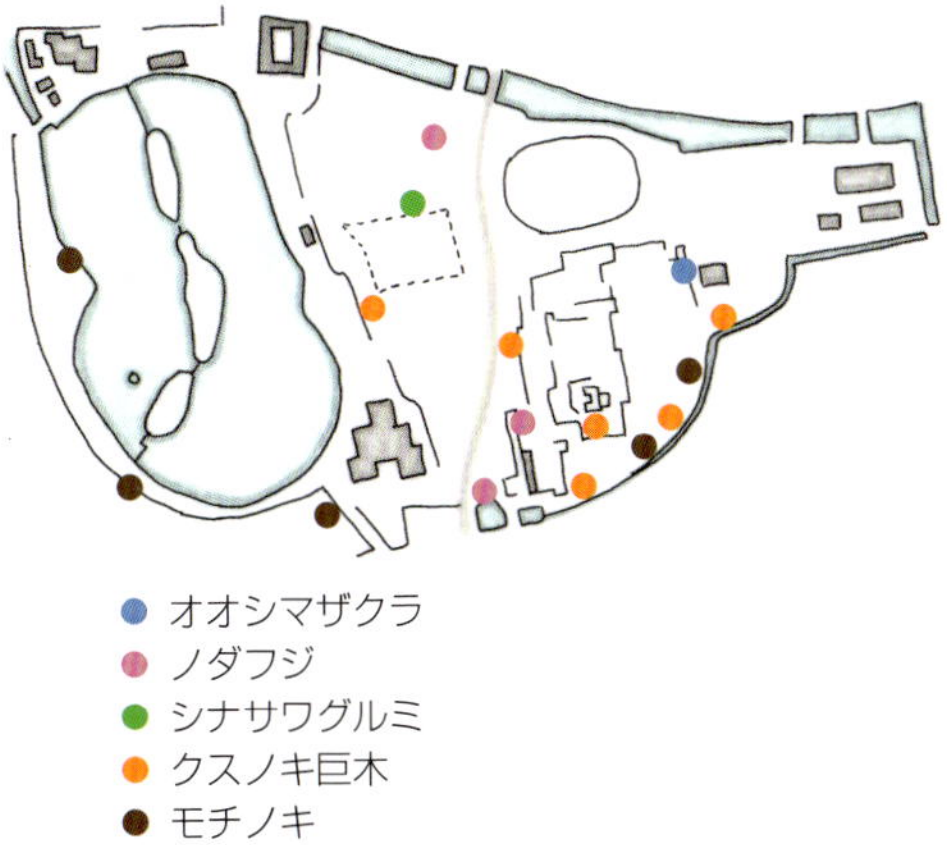

細工物のかんざしのように揺れるクヌギの花［⬆］。高くてわからないが、枝にくっついて実がなるから目立っているのは雄花
シナサワグルミの赤い雌花と緑の雄花［⬅］

野生のノダフジの蕾［➡］が陽射しに誘われるように日々丈を伸ばす。紫色の花がほんのり透けて見える

モチノキの雄花は下を通ると甘い香りがする

花が先か葉が先か、みずみずしいクスノキ

木陰が好みのムラサキケマン

葉まで染めるヒメオドリコソウ

ハルジオンの蕾のたたみ方

なかなか開いた姿を見せてくれないミミナグサ[⬆]

地面にへばりついて咲くキランソウ[⬅]

シャクの白花[➡]の小さな世界を拡大すると……

うつむいて咲くヒメウズ

ヤエムグラの花と実

大きな群れをつくるシャク

清明

せいめい
四月五日ごろ

春めいて清く明るいとは、若葉の木漏れ陽のことのような気がする。まだ初々しい新緑を陽にかざすと萌黄色に透ける。その色が清明という観念を形づくり、この節気はそれこそ萌黄色に満ちている。小さくそろえた細葉を一息に伸ばすと同時に一本ずつ開くメタセコイア。重なる葉が何枚も透けて見えるトウカエデ。あまりにも似ているのでカキノキダマシと異名をもつチシャノキだが、葉の色はカキノキよりもずっと明るい。

いついなくなったのか、最後まで居残っていたオオバンやユリカモメが姿を消してしまった。みなして繁殖地へ旅立ったのだろう。九月にウミネコが帰ってくるまで、大濠の水辺は灰色のアオサギや白いダイサギ、居着いてしまった一羽のハクチョウやアイガモなどの留鳥のみ。林の中もシジュウカラやムクドリ、キジバトぐらい、山に食べ物が豊富だから小鳥もより安心なそちらの方へ移り住む。やたらシジュウカラが群れて鳴き合っているなと思ったら、石垣の間から雛の声が漏れ聞こえてきた。あれは集団お見合いだったのかも。営巣は人がよく通る道筋でちょうど目線の高さ、鳴き声に気づいた人が覗いてみる。

何かわからない大きな落葉樹を隣り合わせに二

チシャノキの新葉透かし

トウカエデの新葉透かし

日本民族の色彩感覚と植物への関心の細やかさには唸らされる。身近な例でいうと久留米絣の藍色の階調は12色を区別する。淡い順に、甕覗(かめのぞき)、水浅葱、瑠璃色、浅葱、露草色、千草、縹(はなだ)、褐(かち)色、深縹、紺、濃紺と濃くなる。そして限りなく黒に近い藍を千歳紺と呼ぶ。
植物の方はその名づけ方に表れる。例えばスズカケノキ、漢字で書けば鈴掛けの木だが、この時期、花と前年の実が同時に見られるということは、木には1年中、鈴のようなものがぶら下がっているということ。さすが観察眼は鋭い。

金色の毛皮をまとって出てくるシロダモの新しい葉[↖]
石垣の隙間でシジュウカラが子育て[⬅左]をしている
モミジバスズカケノキが赤い花[⬅右]をつけた。どう見ても実と同じ形
メタセコイアの新葉透かし[➡]

本見つけた。川の向こうの急な土手で近づきがたく、どうやって調べようかと考えあぐねる。よく見るとたくさん蕾がついている。これが咲けば正体もわかるだろうと心待ちにする。だいたい草木は蕾をつけて咲くまでが長い。一、二か月は序の口だ。こちらが待ち焦がれるという弱みをもっているのでなおさらだが、ついには毎日通う身にもなってくれと言いたくなってしまう。ある陽射しが明るい朝、見上げると紫色の大きな花が、巫女が手にする鈴のように空を指す。あぁ、キリだったのかと合点した。

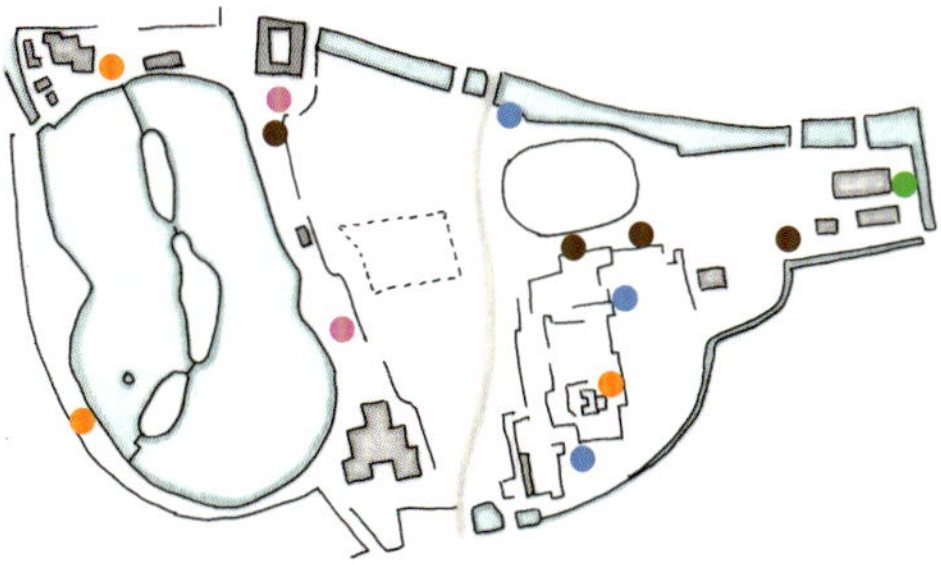

● メタセコイア
● モミジバスズカケノキ
● キリ
● ハナミズキ
● トウカエデ

黒っぽい木、濃い緑に白花のハクサンボク

大きなノダフジが木々をおおう

ドウダンツツジの釣り鐘型の花

葉を出してすぐ花を開くイチョウ

モミジの赤い花

何もない枝先に灰色の蕾をつけて長い間じっと不動のハナミズキ。しびれを切らしたころ、ようやく花が開いた[⬇➡]

大きく重そうな花をたくさん咲かせたキリ

スミレの基本形のただのスミレ

最近、草地でよく見かけるようになった朱色のヒナゲシはナガミヒナゲシというらしいが、なんだかしっくりこない。なぜだろうと考え続けて、ある経験に思い至った。若いころ、南フランスの草原一面にこれが咲いていて感動したことがあった。現地では音も愉快にコクリコと呼ぶ。そのころ、福岡でこの花を見ることはなかった。あれから40年、よく増えるので今では至る所で厄介者扱い。プロバンスから福岡にたどり着いた経緯はわからないが、植相が入れ替わるのは早い。

ナガミヒナゲシだが、あえてコクリコ[➡右]と呼びたい
ウサギアオイの小さな花[➡左]
オドリコソウ[⬇]のラインダンス

穀雨《こくう》

四月二十日ごろ

穀雨の穀は米ではなくて麦のこと、麦を育てる雨が降るというわけだ。たっぷりな雨水の恵みに、ますます草木が勢いづく。大濠の主だった落葉樹の若葉が萌え出す順番は、まずこのエノキ、次いでエノキとよく連れだって生えているムクノキ、枝が空に向かって素直に伸びるケヤキ、そして奥手なのがアキニレだろう。いちばん早かったエノキはとっくに花が終わって、もう結実している。ようやくこのころ、ケヤキが枝別に若葉を茂らせ始めた。木全体が一斉にというよりも、部分ごとに芽吹いてくるのがおもしろい。

　草地の植生が複雑になって、さて、いよいよ楽しくなると思ったのも束の間、ゴールデンウイークを目前に、人出を見越して一斉撤去の草刈りが始まった。スミレも、マツバウンランも、カタバミも、タチイヌノフグリも、オオバコも、バリバリバリと容赦なく吹っ飛ばされてゆく。ただし、根こそぎ抜くのではなく、金属羽ではないプロペラで巻き切るのだから、根は残る。文字通り根性が強いものは、かろうじて残った五センチほどの茎がたった五日で一〇センチは伸び、これを機に他を制して繁茂する。土の中には様々な種が残っていて、来年も同じ顔ぶれになってほしいと期待

もうモミジが実[←]に。ハマクサギの不ぞろいな新葉[↑]。エノキの新葉透かし[→]
赤と青がチャームポイントのナミアゲハ[↙]
最近増えたらしいツマグロヒョウモン雄[↓]

ゴールデンウイーク前から草刈り[↖]が始まり、月に1度ほどのペースで草地がなくなる。刈らなければ踏み込めないほど草丈は伸びるが、刈ると植生が単調になってしまう

してやまない。

追廻橋の架かる六号濠にポツン、ポツンとヒシが浮かび始めた。少しずつ数を増やして、スイレンがかろうじて空けていた所を、やがては全部おおってしまうのだろう。水面続きでいえば、ツバメが帰ってきている。十羽ほどが大濠の上を端から端までスイーッ、スイーッと大きく滑空。ツバメにすれば、巣作りや子育てに備えて体力を蓄えるために虫を捕まえているだけなのだろうが、久しぶりに姿を目撃したこちらとしては、帰朝報告の挨拶に見えるから勝手なものだ。

ツルウメモドキの花

トベラ[⬅]とシャリンバイ[⬋]。両方とも同じころに咲き、花の色も大きさも同じぐらい。取りちがえないようにここで花の形をしっかり覚えてほしい。人の好みは別にして、昆虫たちはどうもトベラの方が好きらしい

巨大なタラヨウ[➡]の木が城址南に1本だけある。それはみごとな大きさだから花が咲けば感動的。葉裏を棒で傷つけると黒褐色に変色して字が書ける。下の方の葉を裏返したら、試しに書いたものが何枚か残されている

美術館事務所横のツブラジイ[➡]の花が咲く。実は焦げ茶色で丸々としていて、近辺のスダジイより食べ甲斐がある
チョウセンゴヨウも花[⬇]が咲いた

ヒシがポツン、ポツンと姿を現す

薄紅色の花を咲かせながら塔のように立ち上がるトウバナ[⬅]
外来種で一気に増え始めたツボミオオバコ[➡]。全体に淡い色彩だけど、どうして芯は強そう
短い白い毛でおおわれたハハコグサ[↙]、触るとフワフワとした感触が気持ちいい
長い茎の先に薄紫の花をつけるマツバウンラン[⬇]、草地一面に広がると雲がたなびくようだ
ヒメコバンソウ[↘]がシャラシャラと風に揺れる。10倍大きいコバンソウより一足先に野原を埋める

小さなイヌノフグリの仲間たち

まず、すでに死語となってしまったフグリという言葉の説明をしなければ本題に入れまい。そもそもはふくらみがあって垂れているものを、フクロとかフクリとかいったことに始まる。その例として地域によってはマツボックリのことをマツフグリとも呼ぶ。これが陰嚢の隠語に流用され、尻尾を巻き上げた犬を後ろから見ると目立つので、犬のふぐりという合成語ができあがった。

春先に咲くかわいらしい花々の何がフグリかといえば、その果実の形。花も小さいが、もっと小さい実まで待って名前にするとは、昔の人はよくもまぁ観

イヌノフグリ　タチイヌノフグリ　オオイヌノフグリ　フラサバソウ

察したものだと感心する。

ここで紹介する四種類のうち、イヌノフグリだけが在来種で、他のフラサバソウ、オオイヌノフグリ、タチイヌノフグリはすべてヨーロッパあたりからの外来種。しかもイヌノフグリは近くの元九州大学六本松キャンパスでは見かけたのに、気をつけて探したけれども大濠では見つけられなかった。以前はオオイヌノフグリも多かったような気がするが、現在はフラサバソウの天下になっている。

伝え聞くと、保険事務センターの東側の草地にイヌノフグリがかろうじて残っているとも。もし偶然見かけたら、どうかそっと見守ってほしい。セイタカアワダチソウの経緯もあることだし、失地回復でいつの日にか盛り返してもらいたい。

それぞれがよく似ているので、現場で一つ見るとなかなか判断がつかない。咲き始める順番、

花の色、葉の様子、実の形、それぞれの相違点を少し詳しく列記しよう。

　フラサバソウが他の草に先駆けて立春前にあちこちで茂り始め、いつまでも一面をおおいつくす。木の下草で半日陰が好きなようだ。同じ仲間なのにイヌノフグリが名前につかないのは、実の形が異なるから。カキのように扁平で中央から四方に浅いへこみが入っている。

　命名はフランスの植物学者、フランシェ氏とサバチエ氏との因縁らしい。葉の上に米粒が落ちているのだろうかと身をかがめてしまうほど花は小さい。花びらが半開きで米粒そのもののような形も多い。白っぽいのがほとんどだが、日向では薄い水色の縞が見えるものも混じる。ひょっとして二種類かも。葉は横広の天狗のうちわ型。最大の特徴はその毛深さ。葉の表面はもちろん、萼《がく》の先まで密生する。

フラサバソウ

タチイヌノフグリ

オオイヌノフグリ

イヌノフグリ

オオイヌノフグリとタチイヌノフグリの葉はどちらかといえば縦長。オオイヌの葉脈は途中で枝分かれするのに比べ、タチイヌは付け根一点に集まっている。花はオオイヌが青のぼかし、四枚の花びらは平らに開いて大きく、青が濃いのが広くて、白いのが狭く、残り二つがその中間といったところ。
　三月二十日ごろ咲き始めるタチイヌは茎の背丈がツンツンと伸び、濃い群青単色の花をつける。どちらもフグリは二つに分かれてはいるものの、ぺったんこ。やはり本家本元のイヌノフグリが丸くふっくらとしていて、いちばんそっくり。
　探す目安にイヌノフグリの特徴を記せば、葉の付け根が裁ち切りのように直線的で、毛がなくてツルンとした肌触り。花は早くて二月には咲き始め、淡い薄紅色で、これもやっぱり、いちばんかわいい。

日本VS西洋タンポポの陣取り合戦

円く広がるタンポポの葉などをロゼットと呼ぶ
１枚の葉がへら形［⬆］から矢尻形［⬈］までいろんな種類があるが、ニホンタンポポか、セイヨウタンポポか、まだ判断できない
葉の広がりは巨大なものになると50センチ以上あるものも。花茎も50センチぐらいの高さまで持ちこたえる

年が明けて最初に目にしたのは一月二十六日で、もちろんセイヨウタンポポ。葉はまだ広がらず、花茎も踏まれ踏まれて極端に短い。それでもこの鮮やかな黄色は春になった証。そうこうするうち、あちこちの陽だまりに円いロゼットが次から次へ広がっていく。今度は何本か長い茎が立ち上がって、複数の黄色い花が咲き誇る。

　よく観察すると狭い大濠でも場所によってタンポポの種類が異なる。大雑把に区分すれば、大通り沿いの不特定多数の人が出入りする所はセイヨウタンポポが席巻し、草深くあまり人が立ち入らない所はニホンタンポポがかろうじて踏ん張る。どうすれば在来のニホンタンポポを応援できるか悩ましい。

［⬇左から順に］
花の束の拡大
１つずつの花
巻いて要領よくたたみ込まれたタンポポの蕾

上の４本［⬆］が在来のニホンタンポポ。その左端は西日本に多いシロバナタンポポ
明治以降に帰化したセイヨウタンポポ［⬅］
セイヨウタンポポは１年中大きめの花を咲かせ、絶えず種子をつくる上に、受粉しなくても１株あればクローン増殖する
ニホンタンポポは３、４、５月にしか花をつけない上に、花も小さく、種子の数も少ない
多少はシロバナタンポポもだが、特にセイヨウタンポポの萼片は強く反り返るので見分けがつく。近年は反り返らない交雑種が次第に増え、ニホンタンポポが遺伝子レベルでも外来種に取り込まれているらしい

花が終わると一度閉じて綿帽子を準備する［⬈］。種子が熟成したら再び萼片を開く［➡］
今まさに飛び立つばかりの綿帽子［⬊］
アカミタンポポ［⬅左］はセイヨウタンポポ［⬅右］より後で入った外来種。日本ではセイヨウタンポポといっしょくたにまとめられているけれど、世界には100種以上あるようだ

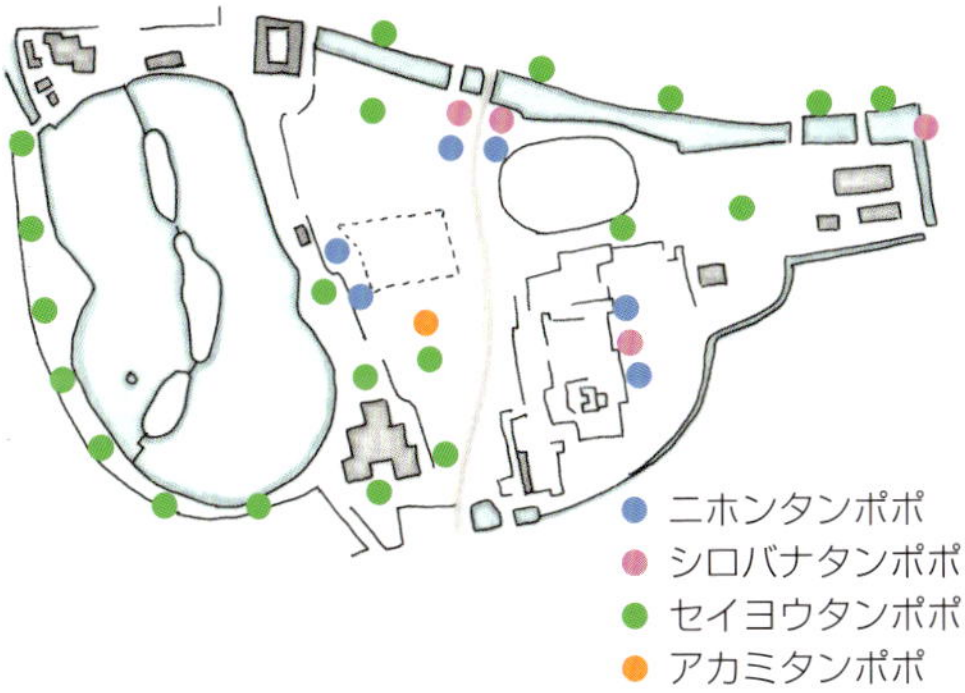

タブノキ(3.5)

ツツジ(3.6)

モミジ(3.7)

エノキ(3.20)

コナラ (4.2)

アカメガシワ(4.5)

アラカシ(4.9)

イチョウ(4.10)

（　）内は新芽の撮影日

アセビ(4.21)

アオギリ(4.24)

ナワシログミ(4.25)

モツコク(5.25)

ヤブツバキ(6.10)

バクチノキ(9.15)

いとおしい芽の形

人の乳幼児を赤ん坊というが、樹木の芽も赤ちゃんが多い。だからなのか同じようにいとおしく思えてくる。上に並んでいる順に赤く色づくものを数え上げてみよう。

一個ずつ枝先に赤いキャップをつけるドウダンツツジ、花と同時に葉を広げるモミジ、実がふくらむころに芽を伸ばすウメ、一面にほんのり淡いクスノキ、カナメモチはこれこそ赤というべき鮮やかさ。春先の芽が特に赤いアカメガシワ、一年中どこかの木で新芽が見つかるアラカシ、イヌツゲはまるで口を大きく開いて生まれ出たことを喜び歌っているかのよう。

つやつやとお手々を広げるア

マサキ(2.25)

ドウダンツツシジ(2.25)

ツタ(3.2)

アジサイ(3.4)

ウメ(3.20)

ニシキギ(3.22)

クスノキ(3.25)

カナメモチ(3.28)

イヌツゲ(4.10)

カミヤツデ(4.14)

ムクノキ(4.14)

ウバメガシ(4.15)

ナンキンハゼ(5.1)

ボダイジュ(5.7)

オオイタビ(5.8)

シロダモ(5.24)

セビ、薄紅色もみずみずしいアオギリ、出るときと散るときの両方が赤いナンキンハゼ、オオイタビは円い葉が石垣にへばりついている。普通は金色なのだが時にはこんなに赤いのもあるシロダモ、赤い縁取りのモッコク、ツバキも開いたばかりは赤く艶っぽい。

　つまりここで取り上げた三十種のうち、半数は赤ちゃんということ。色彩的に赤は火や血を連想させ、命そのものを象徴する。不思議なことに人の赤ん坊は、最初にこの色を知覚するらしい。交通信号機に利用されるようにまず注目を集め、他のすべての色を支配する。それに太陽光がスペクトルで分かれると、いちばん上が赤。そしてアカという読みは明るいからきているのだとか。こんな道理と赤い芽は関連があるような気がしてならない。

夏

立夏　小満　芒種

夏至　小暑　大暑

立夏《りっか》

五月六日ごろ

夏の始まりだからだろうか、街を行き交う学生服が一斉に夏服に替わる。もう長袖では汗をかき、普段にはTシャツと綿パンが心地いい。というわけでもあるまいが、この時期に葉を落とす木々は多い。濠の西半分に並ぶアラカシがバサッと潔く衣替え。すでに新しい葉を用意してから古い葉を脱ぐので、遠目には落葉樹のように目立ちはしない。クスドイゲもハラハラと萎びた葉を捨てる。新葉ばかりになったら陽を透かして薄緑に輝く。赤や金の柔らかな毛に守られていたシロダモの若葉がそれを振り落として一人前になるころ、枝元にかろうじてぶら下がっていた古い葉は枝を離れる。葉が半分になるのだから、木全体はなんだかスカスカ、散髪したてのように初々しい。

落ちるといえばもう一つ、スズカケノキの種蒔きも生成り羊毛の絨毯を敷き詰めたよう。長いこと枝に丸いボンボンがぶら下がっていたのだけれど、それがほつれて綿毛になって風に乗り、遠くまで飛ばされなかったのが吹きだまる。

一方、バクチノキの黒く熟した実は、下に落ちてはないのだが、どんどんと数が減る。おそらく鳥の好物で、かつがつ食べられているのだろう。つけ加えれば、このころ、黒熟するスズメノエン

霞のように棚引くセンダンの花[➡]、拡大[⬆]すると奥行きがある。名島門を下った大木には連日、花見客が絶えない。横の土手に小さな実をつけるカキノキ、かわいらしい花[⬉]なのに誰も振り向かない
センダンとあでやかさを張り合うハリエンジュ[⬅]はもっと上手で芳香でも人を誘う。本当は受粉してくれるチョウやハチを招きたいのだけど……

一歩出遅れた城址のスダジイの花[➡]はすさまじかった。陽を浴びて黄金に輝き、むせる匂いに浸される。ここは剪定しないので、秋には実が拾えそうだ
葉の切れ込みが４つあるモミジバフウ[⬅]の若葉。舞鶴中学校のグランド横に10本並ぶ。これは紅葉も美しい

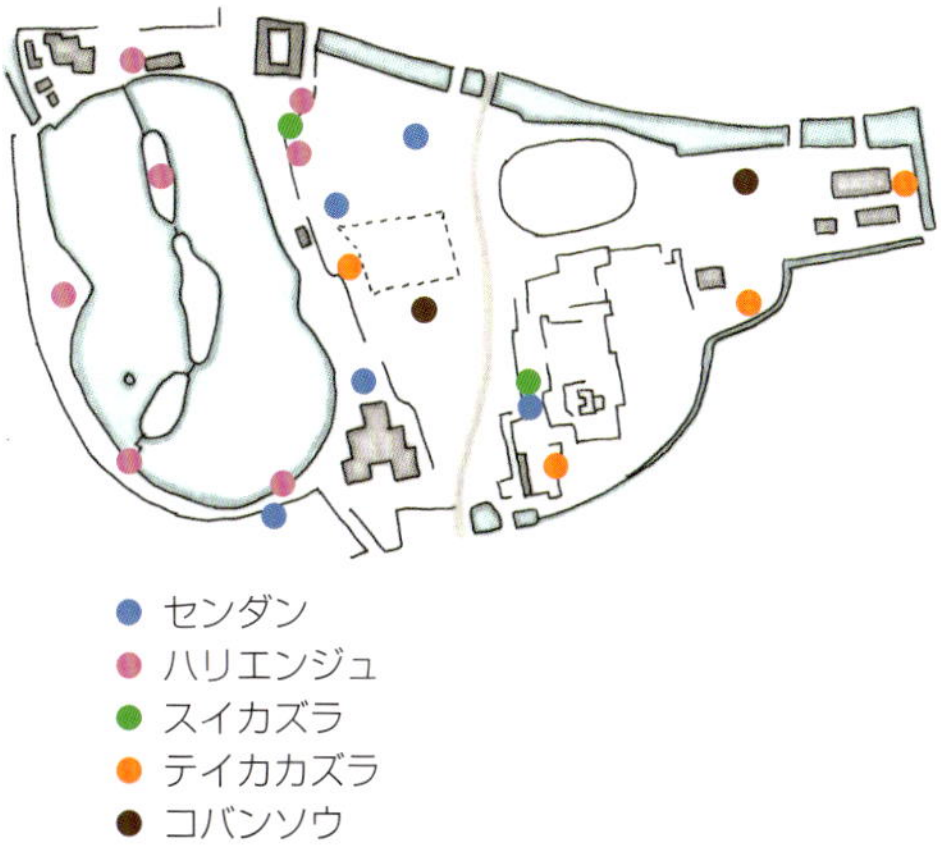

ドウやカラスノエンドウも、若い緑の間ならばお浸しにすればおいしいとか。一面、茂っている場所を知っているので来旬は試してみたい。

　早朝のカメの産卵もこの期ならではのできごと。ミシシッピアカミミガメが手でひっかいて硬い土に穴を開け、涙ながらに卵を産む。児童公園のベンチの下だったり、外周のジョギングコースを越えたアラカシの根元だったり、どうやって濠縁の石積みを登り、段差を乗り越えたのか問い質したくなる親心。後日、逆向きにに子ガメが一生懸命濠に向かう姿も健気でしかたない。

ツンツン伸び上がるトウカエデの花

5枚羽根の風車のようなテイカカズラ

このの ち象牙色に色変わりするスイカズラ

この時期、カズラが次々に花をつける。まず、見上げる位置に絡みつくテイカカズラが小さな白花を無数に開く。鴻臚館そばのはそれはみごと。続いて、そこまで登り上がらないスイカズラがあっかんべぇと花開き、咲くのを待ちわびた蝶が次から次に訪れる。花を摘んで吸ってみたらその名の通り蜜が甘い。少し遅れてフウトウカズラも細長い黄色の花を垂らす。どれも木に巻きつくので、木陰にひっそりと目立たない。

飾り衿をまとうタブノキの若い実[↖]
2粒の種が入ったスズメノエンドウ[←]
花が大きなカラスノエンドウ[↙]は種も多い。両方とも緑の鞘が黒くなったら、捻れながら開いて種をはじき飛ばす
オオシマザクラに小さいけれど、真っ赤なサクランボ[↓]が実った
バラの原種を思わせるテリハノイバラ[→]、茂りすぎたら刈られてしまう

ツユクサの仲間で真っ先に咲くトキワツユクサ

ニワゼキショウが陽の光に背伸びする

ナワシロイチゴの２重構造が際立つ花

ニワゼキショウを３種類見つけた。同じ背格好で花びらが薄紫のと赤紫、オオニワゼキショウと呼ばれるもう少し背が高く、名前に反して小ぶりな八頭身の花。小豆色と黄色を隣り合わせに並べる大胆さはいっしょ。半日陰に群れるドクダミ同様、一軒家が多かった昔はこの時期どこの庭にも咲いていたのに、最近ではめっきり減った。一所懸命背伸びした姿を見つけたらつい応援したくなる。

ツキミソウの仲間ではヒルザキツキミソウだけ薄紅色[↖]
コバンソウ[➡]の名前の由来はここまで待てば納得がいく
お馴染のシロツメクサ[⬅]も、拡大してみると美しい。ドクダミも群花[↙]になればなかなかのもの
チラチラと風に揺れるマメグンバイナズナ[⬇]

小満《しょうまん》

五月二十一日ごろ

緑地の草刈り頻度が増した。小満とは草木が茂り、夏の気が満ち始めるころという意味。まさにその通り、刈ったばかりの草いきれが青々しい。

朝早く散歩する一団が立ち止まって、竹囲いをじっと見つめる。何事かと近寄れば、大形のヤゴの脱皮。細い足の先までスッポリ脱いで、朝陽に体を乾かす。岸沿いの水面には産まれたばかりのアメンボがグチャグチャと集まる。底の浅い濠縁や蓮濠の水中に目をこらせば、稚魚たちが群れをなす。二、三センチあるだろうか、まだ、卵からかえりたてにちがいない。ツバメの飛翔が慌ただしくなってきた。もう子育てが始まったのかもしれない。暦が夏というわけだ、東の空に純白の入道雲がわく。

巨木が多くて昼なお薄暗い城址南の一角で、緑の葉の上に白花を散らすハマクサギを初めて見つけたときは軽い衝撃を受けた。予期せぬ衝撃は好きになるきっかけ、一日惚れと同じ原理かもしれない。何度も通って見慣れたころ、おもしろいことに気がつく。上の写真にはいろいろ写ってないけれど、葉の形が不ぞろいだ。卵形のもの、先が尖ったもの、ギザギザのあるもの、一本の木とは思えない多様性、何の実験だろうか。

水色と黒の配色がおしゃれなラミーカミキリ[↖]、外来のカミキリムシだが結構いる

他の季節にはボワンボワンと大声だけよく耳にするウシガエル[⬆]、なぜか目立つ所に現れるようになった。声の割には掌ほどの大きさだ。恋人探しだろうか

休日に親子が仲良く野球[↖]を楽しんでいる。花をつけたオオバコとシロツメクサがあたり一面をおおって、名実ともに草野球

濃い緑の葉に小さな白花を散らすハマクサギ[➡]

例の切株[⬆]が樹皮に沿って丸く伸ばした枝を繁らせ始めた。切り倒されても大樹の蘇生力は計り知れない

ニワウルシの別名はシンジュ、どうも最初はこの名の方で呼ばれていたようだ。それを漢字で書くと神樹、西洋の俗名Tree of heavenの訳らしい。雌雄異株なので実がならない木もあるが、梅園の東北の端っこのニワウルシには実がつく。生命力にあふれ、成長が早いらしく、石垣のあちこちから幼木が芽吹く。不要な場所で太くなりすぎて、「例の切株」同様、伐採された木も多い。花が咲いて実になるまでの期間も短く、次の節気の芒種《ぼうしゅ》には、まるで虫さされの跡のように赤く腫れた実がぶら下がる。

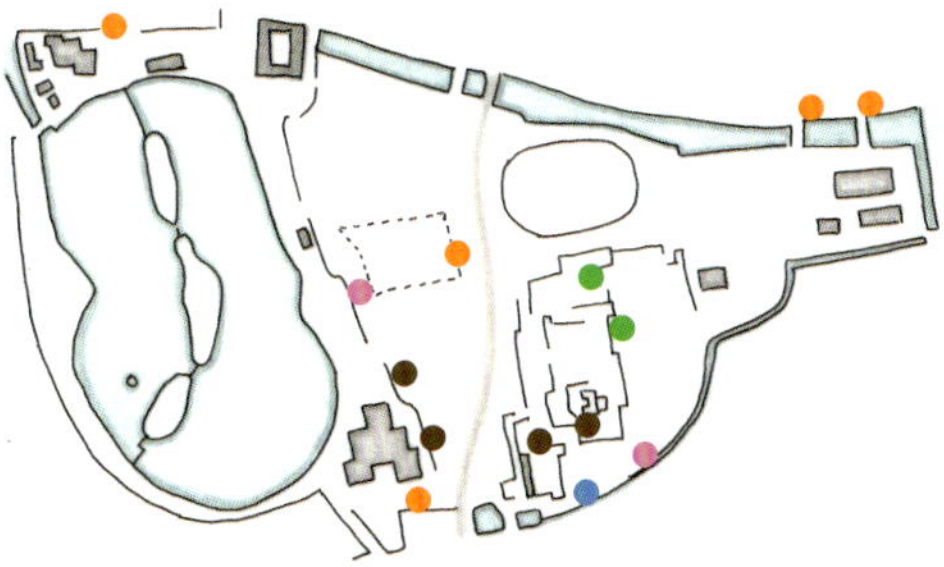

- ハマクサギ
- フウトウカズラ
- ニワウルシ
- フウ　モミジバフウ
- グミ　ナツグミ　ナワシログミ

地味なマキに地味な花が咲いた

それはみごとなフウトウカズラの花群れ

ニワウルシも緑がかった白で目立たない

知識がなければわからないと思いがちだが、気にして眺めていれば次々に視野に入ってくる。あれは何だろうと思い詰めていたら、友達が教えてくれたり、図鑑で見つけたり、いつの間にか自分のものに。私の取り柄といえば子供のころから近所に住んでいたことだけ、植物学者でも、昆虫や鳥の専門家でもない。勘違いや思い込みもあるだろうが、本にまとめて一歩踏み出し、人との出会いでさらに充実させたい。

蠟細工のようなクロガネモチの花

シナサワグルミも実になっている

ヒイラギナンテンの若い実

おいしそうなグミも実る

木陰に星くずのようなコモチマンネングサ

キキョウよりずっと小さなキキョウソウ

チヂミザサは草笛にうってつけ

ほんの数本しか見かけなかったマンテマ

これは葉に2つの切れ込みがあるフウの方

トウカエデの花から実へは早いけどあとはこのまま

芒種《ぼうしゅ》

六月六日ごろ

大濠には実のなるヤマモモ[➡]が数本ある。日本庭園の西端の裏門あたり、福岡市美術館の正面階段の横、舞鶴中学校への上がり口の北側。色がきれいなこれはまだ未熟で、食べられるのはもう少し先。ちょうど梅雨だから、毎日見回っていなければ、味見しそこなう

芒とはイネ科の植物の花の外殻にある針のような突起のことで、訓読みすれば「のぎ」。転じて芒種は、籾《もみ》を蒔く時期という意味になる。続いて十日過ぎには田植えが始まり、ホタルが飛び交って、やがて梅雨入り。その梅雨とは、熟れ始めたウメの実に雨がかかるからしい。この時期、城址の梅園には袋持参の来訪者が増える。

小さな生き物たちも忙しそう。身軽なアメンボの子どもが無数に水面を滑る。少し深い草むらにシマヘビの抜け殻を見つける。つまり蛇もいて、ちゃんと大きくなっているわけだ。色鮮やかなトンボがあちこちで飛び始め、ヒラヒラとモンシロチョウが風に舞う。

この時期、いちばんの楽しみはヤマモモの実。公園を管理する人によれば、落下して人に踏まれた実はへばりついて掃除しにくいらしく、熟れたらその都度もいで食べた方が親切かも。果物として店頭に並ぶものに比べれば、ずいぶんと小ぶりだし、もちろん素朴な味だから、季節を味わう程度の方が腹をくださないかもしれない。

もう一つ、見応えがあるのが福岡簡易保険事務センター西側のタイサンボクの大きな純白の花。次から次に蕾を

メタリックな濃紺が美しいチョウトンボ[⬅左]、翅が広いからチョウのようにヒラヒラと飛ぶ
モノクロの横縞はコシアキトンボ[↖右]、朝からまっ赤なショウジョウトンボ[⬅左]。どれも蓮濠の5、6号濠に多い
大濠の真ん中に浮かぶ鴨島[⬅右]、冬の様子と見比べてほしい。渡り鳥たちの置きみやげで、夏は青々と木々が茂る

赤い仮面でおしゃれなホタルガ[↖]
ナズナで育つのかモンシロチョウ[⬆]

開くので、長い期間咲き続ける。大濠の周囲に数本あるが、他はまだ若木で花をつけるのはこの木だけ。それに比べて、同じ保険センターの南に一本だけあるボダイジュの花期は短い。一堂に咲いて、いっしょに萎む。同時という分、甘い香りが漂う。ただし、たくさん咲く年と少ない年が交互にくるようだ。香るといえば、マテバシイもむせるように匂う。表現が匂うと香るで、少しニュアンスは異なる。

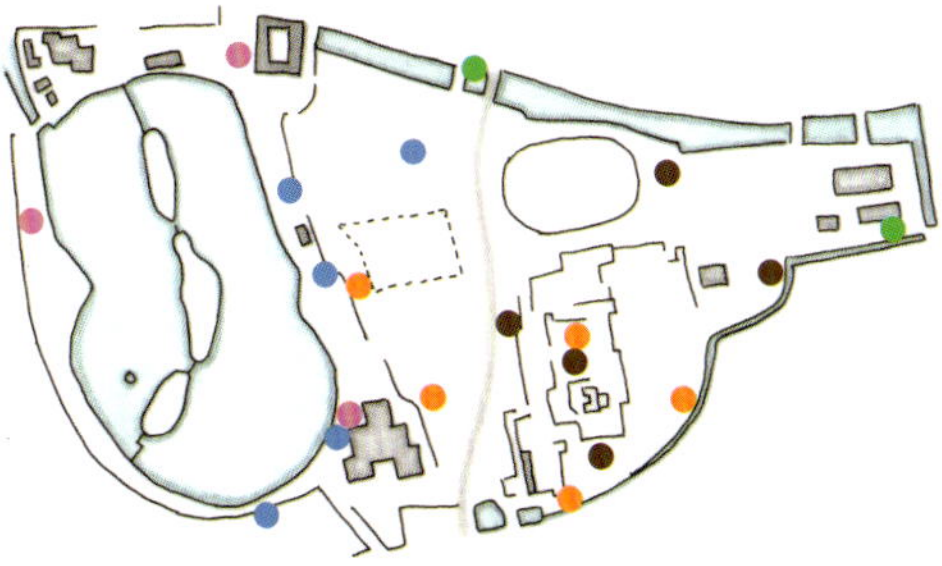

● ヤマモモ
● タイサンボク
● ザクロ
● ホルトノキ
● サンゴジュ

切株にへばりついたコフキサルノコシカケが茶色い粉を吹き上げている。そばに赤い肉厚の葉がたくさん落ちていたので見上げたら、大きなホルトノキだ。ついでにヤマモモとホルトノキは樹姿も葉の形もよく似る。一目で見分けるこつは、ホルトノキはいつも枝に紅葉した葉を数枚つけること。これさえ覚えておけば二つを見違えることはない。

ボダイジュの花は実に比べたら少し控えめ

ガクアジサイだけ種ができる

明治通りから蓮濠越しに見える土手や、牡丹園入口付近のアジサイが目につきやすいので、そちらばかりが話題になるが、実は美術館と城内の間の土手のアジサイの方が数段みごと。密集した本数もさることながら、白っぽいの、深い切れ込みがあるもの、薄紅色のものと種類も多い。ご存じだろうか、品種改良されたアジサイの花に種はならない。夏の終わりにそのままドライフラワーになったものを見る機会があれば、原種に近いガクアジサイの方だけ中央に結実している。ソメイヨシノもアジサイも人の手が加わりすぎると、何かを失うようだ。

補色の緑に朱で目立つザクロ

タイサンボクの巨大な純白の花

マテバシイも子だくさんのよう

チシャノキの純白の花房

ネズミモチはズレズレに咲く

サンゴジュの花から実への変化は目を見張る

ホルトノキの落葉は今

ニワウルシの虫さされのような実

シュロの実の色合わせもシック

コヒルガオが咲き初めた

イタドリに花が咲いた

コフキサルノコシカケが胞子を飛ばす

夏至《げし》

六月二十一日ごろ

ゆるやかな角度の円錐形をしたハスの葉[➡]に雨が降ったらどうなるか。梅雨時に立ち合ってみなければわからない感動の名場面
一般的にはシトシトと表現される梅雨だが、実際に外で受けてみると雨脚[↖]はかなり強い

夏の中央を意味する夏至だが、実際に暑くなるのはもう少し先の梅雨明けから。大濠でいえば夏至と冬至の間の朝陽が昇る位置は、南北におよそ三十度ほど開きがある。時間でいえば夏至だと五時ごろには日が昇り、冬至は七時過ぎまで待たなければ明るくならない。夏と冬で二時間以上の差、陽が沈む夕方の時間を加えれば五時間近く違う。つまり、この太陽の動きが四季の移り変わりを演出する。

　もともと節気というのは、赤道と黄道が交わる春分と秋分を基準に、地球が太陽を一回りする一年を二十四分したわけだから、地域性や政治的な思惑が絡む暦とは異なって、季節そのもの。明治時代のように太陽太陰暦からいきなり欧風な太陽暦に切り替えて、世の中の仕組みががらりと変わっても、そのまま無関係に通用する。

　こう雨が続くと机を前に七面倒臭いことを考え始める。頭でっかちよりも足で考えようとばかり、暗雲を振り払って外へ出た。日本人は風呂に好んで入るくせに、どうして雨に濡れるのは嫌なのだろう。

　明治通りの車道から一段下りた蓮濠縁に立って、一面をおおったハスの葉

新葉に入れ替わったばかりのササ[↖]が雨に濡れてみずみずしい

雨の間を惜しんでハート型のアオモンイトトンボ[⬅左]。クモ[⬅右]が網を張り終える前に雨が降り出したのか、まだ真ん中が抜けている

を眺める。雨にかすんだ大量のハスをじっと眺めていて、おもしろいことに気がつく。重奏の連続音がする。

バシャ、バシャ　ザーッ
ピッチャン、ピッチャン　ザボーン
ジョロ、ジョロ、ジョー

まるで水のコンサート。穴の空いていない漏斗《じょうご》のようなハスの葉が雨水をため、耐えきれなくなったら茎がしなって水をこぼす。大きな葉、小さな葉、背の高い葉、他の葉の下で受ける葉、水面の平らな葉、それなりの立場と雨脚の強さで、奏でる音が異なってくる。じっと耳を傾けていると愉快。しばらく椅子に座って聴きたいのだが、あいにく水たまりができている。

いっこうに止みそうにない雨に打たれて、咲きかけの花はいったんつぼみ、あれだけ飛び回っていた昆虫たちもどこに行ったのやら姿を隠す。

いつもは縄張り争いで張り合っているコフキトンボ[⬆]も、雨上がりにはいっしょに並んで翅を乾かしている

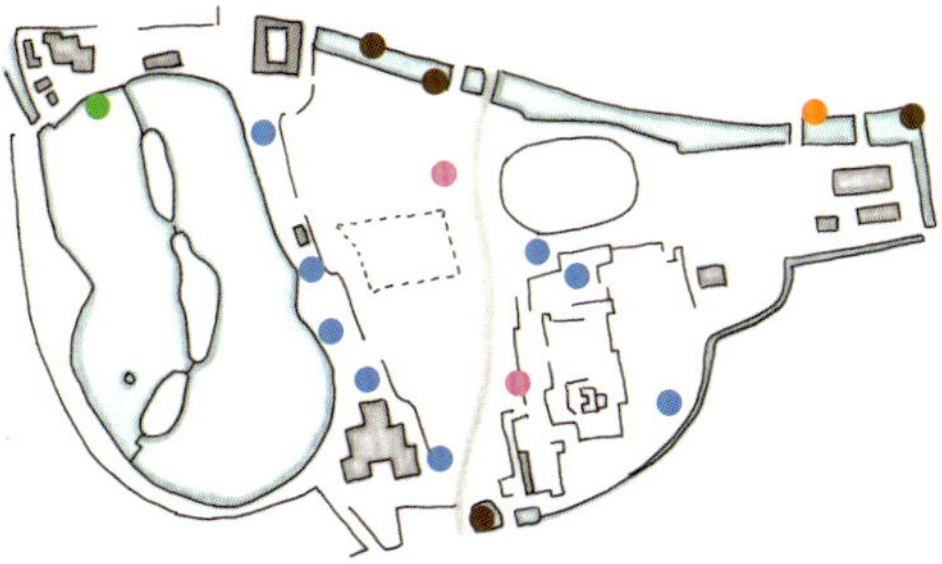

雨の時期で受粉は大丈夫なのかと心配になるナンキンハゼの花房

マサキに保護色の花が咲く

ヤブツバキの実もこんなに大きくなった

アカメガシワは赤い新芽の方がよく目立つ

マツボックリも幼いときは赤ちゃん

コマツヨイグサは夕暮れとともに花開く

夏の風情を高めるツクシオオカヤツリ

キカラスウリは夜中が出番

昼間、キカラスウリの萎んだ花を見たので、どんな花が開くだろうかと再び夜中に来てみる。萎んでいた花がレースのような花びらを開いている。中央を見ると雄しべ。雌雄別株なので雌花はどこに咲くのだろうと期待して探し続けた。それが1か月後、300メートルほど離れた所にある。いったい受粉はどうするのだろうと老婆心に駆られる。

よく見るとかわいいハキダメギク(左)と、透明感があるタカサブロウ

人気が高いネジバナ

畳を作るイグサの仲間

雨に香るクチナシ

小暑《しょうしょ》

七月七日ごろ

七夕のころが小暑。少し暑くなるとはいうものの、山笠の翌日から紫外線が急激に強くなり、陽射しはすっかり真夏だ。雨傘を置いたと思ったら、すぐに日傘の出番がくる。節気が暑いといい出した途端、ニイニイゼミとアブラゼミが鳴き出した。ワシ、ワシ、ワシと自己主張するクマゼミは少し遅れたが、叫び声はいちばんでかい。

長い蕾の時期を今か今かと待ちわびたモッコクがやっと花開く。時期としてはナツツバキと同じ。明治通りの南側はヤブツバキの並木道だが、北側はずらりとモッコクが植えられている。分けても気象台の少し西側にあるこのモッコクはなかなか立派。根元から八本がいっしょに立ち上がって、まるで一本の木のように大きな樹形を形づくる。花が小さいので、全体というわけにはいかないが、咲いている様子を実際に目で見れば、他を圧する風格が納得できるだろう。

少しさかのぼって小暑直後、カラスザンショウの小さな木にナミアゲハの幼虫がいた。梅雨終盤の土砂降りをものともせず黙々と食べ続け、最初は鳥の糞に化け、次は緑の葉っぱに化けた各段階の子どもたちが、それぞれ一日に五ミリほど胴回りを太くする。卵から生まれたては五ミリ以下だ

春の穀雨で紹介したナミアゲハの子どもたち。若齢幼虫[↑]、終齢幼虫[↗]、カラスザンショウの葉からそれぞれの大きさを想像してほしい。前蛹[→左]、蛹[→右]からチョウへ

忍者のニイニイゼミ[←左]、おじさんクマゼミ[←右]。翅裏がメタリックな銀色のウラギンシジミ[↖]。見る角度で紫になるコムラサキ[↗]。ツバキの仲間のモッコクの花[→]

例の切株[←]が人の背丈を超えて茂った。直後、いったん伐採されたが、夏の終わりには再び背を伸ばす

山笠が走った翌日から、博多は本格的な夏に突入[→]。太陽光線がやけにまぶしい

った体が十日ほどで六センチほどに。充分に育ったらそれまでの餌場を離れ、そばの高みに上り始める。目も、口も閉じ、細い糸で体をつなぎ止め、いよいよ蛹《さなぎ》になるのだ。翌日見に行ったら前蛹《ぜんよう》と色も形もまったく異なる姿になっていた。これが数日であのチョウになって空を飛ぶのだと考えると、やはり畏敬の念がわき上がる。

幹の傷ついた所から樹液があふれているクヌギを見つける。虫好き仲間の間ではクヌギレストランと呼ぶらしいが、甲虫《コウチュウ》やチョウ、ハチなど順番待ちで舐めたり、かじったり、大盛況だ。

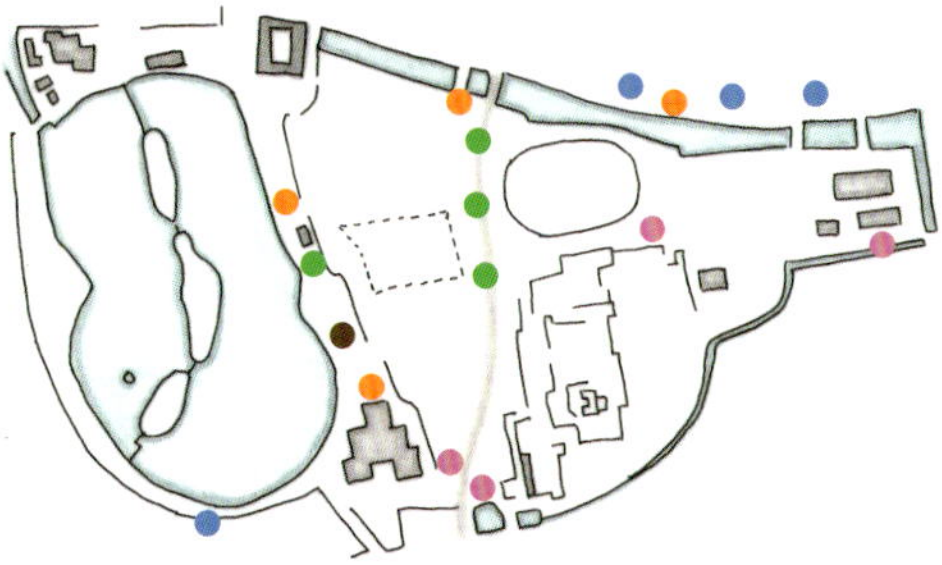

● モッコク
● アオギリ
● エンジュ イヌエンジュ
● サルスベリ
● ヒメノカリス

そういえば盆提灯の画には必ずハギが描かれる

雨に打たれてアオギリの花が咲いた

エンジュの花が青空に映える

ホルトノキの小さな花は虫たちに大人気

普段はあまり頭上を見上げて歩かないので、落ちた花殻や実などで樹上の変化に気がつく。それぞれが小さな花のエンジュ、アオギリ、ホルトノキなどは特にそう。歩道に散らばった白いものを見つけて、上を見上げたらすでに満開。これをいち早く察知できるようになるのは慣れしかない。

白から赤まで、中間の桃色、藤色と変化に富むサルスベリ[↖]
ムクゲ[⬅]にも八重と一重、白と紫がある
メタセコイアの実[⬇]も若い間はこんな形、時間をかけて種子を育む

かわいらしい花なのに正式名はヘクソカズラ、姿に免じてサオトメバナと呼び換えたい

見慣れたツユクサの花[⬅]だが、その成り立ちは気難しい。円形の紙を半分に折ったような葉の間から花を1つ突き出す。葉の中には順番待ちで次が控える。花びらは3枚、その2枚が大きくて青く、もう1枚は白く小さい。雄しべと雌しべがちゃんとそろった両性花と、雌しべの影が薄い雄花の2種類。咲いた花はしぼんで、夏だと午前中、秋になっても昼過ぎには半月形の葉に再び隠れる。その前に、長く突き出した花糸と花柱がゼンマイのようにクルクルと中に巻き込まれる。巻き終わったのは何度も見かけたが、動くところにはなかなか出合えない。

咲いてみたらヒメノカリスという異国の花[⬇]だった
木陰で見つけたミツバ[➡左]
葉が矢羽根のように切れるヤハズソウ[➡右]

大暑《たいしょ》

七月二十三日ごろ

本来は一年で最も暑い大暑のはずが、二〇一〇年は次の立秋も処暑も残暑が厳しかった。それにも増して、八月一日の花火大会の夜の人いきれはどうだ。大濠の縁に四十六万人というのだから、よく入れたもの。その祭の後は足の踏み場もないほどの塵《ごみ》が散乱していた。

小さな株を至る所に見かけるイヌビワ。ビワとはいうけれど実は小さなイチジクの形。イチジク同様、これが最初は花の役割をし、そのまま熟れて実に変わる。だから秋に落葉しても結構長い間、この状態で枝についていたりもする。イヌという接頭語をもつ植物は他にもたくさんあって、役に立たない、本物ではない、おいしくないなど否定的な意味がつけ加わる。つまり食べられないビワというわけだろうか。

あくまでもビワに固執するのは、半分に割った形が楽器の琵琶のような姿をしているかららしい。実際は雌木と雄木が別々なので、花だけで実にはならない雄株は赤くまではなるけれどまずく、雌株の黒紫に熟れた実は食べられる。ただ用心しなければならないのは、おいしいということは虫にとってもごちそうで小さな先客が潜んでいるかも。上の写真は珍しく大木で、実のなり方も桁外れ。

［⬆左から］どこもかしこもアブラゼミ、堂々としたオオシオカラトンボ、睨みをきかせるが、たかがカマキリの子、それに比べて威厳あるゴマダラカミキリ
モノトーンにオレンジの頭が冴えるゴマダラチョウ［⬉左］、広い所が好きなヒメアカタテハ［⬉右］
夏休みの定番の親子総出の昆虫採集［⬇］
豊穣なイヌビワの実り［➡］

大濠花火大会は例年8月1日。2010年は日曜日と重なって、身動きが取れないほどの人出となった

一番下の枝にさえ手が届かないから食べてみたわけではないが、とりあえず夏に赤くまでは熟れている。

夏は特に昆虫界が活気づく。セミの数はうなぎ上りに増え、人気のケヤキなどはそばに寄るとやかましいぐらい。幹では抜け殻も通勤ラッシュさながらの行列を見せる。トンボやチョウもいろいろ出合う。木立の上を優雅に飛び交う黒いアゲハも数が多い。もちろん、攻撃的なスズメバチや、触るとかぶれるイラガの仲間の幼虫も潜んでいるので要注意！

剪定した藤棚のノダフジが再び花房を垂らす

キョウチクトウは爽やかな夏の花

チョウセンゴヨウのマツボックリ

チョウセンゴヨウは広田弘毅像の左後ろに控えた１本しかない。幹がまるでプラタナスの木肌のような緑のパッチワーク、松らしからぬ様相だ。いわゆる松の実はこのマツボックリから取るらしいが、待てど暮らせど開いてくれない。

フヨウも白と薄紅色がある［⬆］
中の島にヤマノイモ［⬇］の茂み
こっちは背が高いヘラオオバコの花［➡左］、
たった１株しか見あたらない
庭を逃げ出したミント［➡右］が咲く

セリが１メートルほどにも育っている

ヤブガラシの金平糖のような花

籔を枯らしてしまうほどはびこるヤブガラシ、オシロイバナも落ちた実からやたら増える。だがこれを機に改めて見ると、どちらもなかなか愛嬌がある。おもしろいのはヤブガラシが途中で様変わりすること。短かった花柱が伸びて、平らな花の底に密が水滴のようにあふれ出す。次に雄しべと緑色の萼(がく)のようなものが落ち、花盤がオレンジ色からピンクに変わると花期が終わる。夕方に花開くオシロイバナ、黒くなった実を割ると白い粉がぎっしり詰まっている。

夏といえばヒマワリだが黒?![⬉]
最近あまり見かけないカンナ[⬅左]も健在
オシロイバナは昼間は閉じていて[⬅右・上]、夕方から開く[⬅右・下]
出始めは緑色をしているアカウキクサ[⬇]

雄花と雌花、雄株と雌株の出合い

レースのような花びらが夜でもクッキリと目立つキカラスウリの雄花[←]と雌花[↑]。遠くの相手に届けたい花粉を託すため、おびき寄せたいのは夜行性の昆虫。カラスウリは花びらが三角ではなく、長丸で少しちがう

半透明のアケビの雌花[↖]と雄花[↗]

最初に大丈夫なのだろうかと気になったのが小さなシロダモの雌株だった。その近くに雄花をつけた木が見あたらない。次に心配したのは夜中にわざわざ咲いているのを見に行ったキカラスウリ。開いた花の真ん中が黄色の雄しべだったので、その近くに雌花を心して探した。いちばん近い雌花まで三〇〇メートルほど離れていたし、咲いたのが一か月後。いったいこれで受粉は可能なのだろうか……。

草木の知恵は人知を遥かに超えるようだ。かなり離れた所に大きな雄株が何本かあったシロダモはちゃんと赤い実になり、もっと近くで出合ったのかキカラスウリは季節になると黄色い実をぶら下げた。雄花と雌花は対になっているので、色や形が似通っている。一方を知っていれば、他方を見たときに推測はつく。

アオキの雌花と雄花

モチノキの雌花と雄花

ウメモドキの雌花と雄花

少しずれて雌花［↖］と雄花［↗］が咲くアオギリ

雌花は実となる子房をもった大きな雌しべが一本、雄花は花粉をつくる葯《やく》をもった雄しべを数本備える。ウメモドキ、モチノキ、アオキは植栽らしく、それぞれに雄株と雌株が近くに植えられている。自生だと思われるアケビは、同じ株に雄花と雌花が離れて咲くので問題はない。

同じ株だが複雑なのはアオギリ。まず最初に無数の雄花群が黄色く開き、翌日には赤く変色してポロポロ落ちる。少しずれて子房を高く掲げた雌花と、雌花と雄花の中間型が混じって咲く。こっちは実になるわけだから、同じように翌日には赤くなるが、そのまま枝に残る。どちらも萼の付け根に密壺をもっているので、梅雨時にもかかわらずハチや小形のチョウがひっきりなしに訪れていた。子房は五つの部屋に分かれていて、それぞれに種子が四個ほど育つ。

動けないのにどうやって種を蒔くの

コクリコの子房[⬅]はコップのような形、成熟すると上のふたが少し持ち上がって隙間ができる。1つのコップに入っていた種[⬆]。背の高い花茎が揺れるたびに、縁からこぼれて周囲にばらまかれる。増えるはず

オオバコの花[⬆]右から実へ変化。キャップが外れて種[⬅右]が落ちる。種は濡れると粘着性がでる

草木は動けないからこそ、種を遠くへ、広い範囲へばらまくいろいろな方法を何世代もかけて開発する。ムクやドングリのような果物方式しかり、タンポポやスズカケノキのような綿毛方式しかり、ボダイジュのような竹とんぼ方式しかり。動けないからといって、決して手をこまねいているわけではない。

　まず、なぜこんなに多くなくてはならないのかと考え込むほど膨大な量の種をつくる。そして自分の環境に合わせた移送手段を身につける。風や水を巧みに利用するもの。道ばたで踏まれて忍耐強く暮らすことで、踏む靴底やタイヤにくっついて運んでもらうもの。かぎ爪やおまけを用意して、ちゃっかり動物に運ばせるもの。構造的な捻《ねじ》れやめくれなどバネ仕掛けを発達させるもの。その的確な着眼点と工夫には驚かされる。

アメリカセンダングサ[←]は2本爪、ウマゴヤシ[↑]は周囲に刺を伸ばし、イノコズチ[→]はかぎ爪で引っかける。どれも獣の毛や衣服の繊維が狙い目のよう

スミレ[↑]もホトケノザ[→上]もアリたちに期待する。種にはおまけがついていて、運んで、食べて、捨てることまで計算ずく。かじってくれないと発芽しないという徹底ぶりだ。ホトケノザは開かずそのまま結実する[→下]のまで

バネ仕掛けで飛ばす代表格が、タネツケバナ[←]とアメリカフウロ[↓→]。密生しているのを見つけ、先端をそーっとなでただけで、バチバチバチと音をたてて、まくれ上がりながら遠くへ種をはじき飛ばす

スイレンの花拡大

巻いた新葉が古い葉を押し除ける

物憂げな雨の日のスイレン

晴の日に競い咲くスイレン

紅色のスイレンは早起き

朝はまだ眠いらしい

夕方には眠りにつく

濠を変えるハス、いつも浮かぶスイレン

植物図鑑を調べるとハスはスイレン科ハス属で、スイレンはない。念入りに前後を読むと、スイレン科スイレン属にヒツジグサがあり、漢名は睡蓮。だが、そのヒツジグサは花の色が白に近く、蓮濠に浮かんでいるものより小ぶりで花びらの枚数も少ない。園芸品種だからだろうか、あんなに堂々と咲いているのに仕分けがあやふや、スイレンという独立した科なのにである。それに説明の項にヒツジグサは未草と書き、花が六～九月の未の刻（午後二時）に開くとあるが、濠では冬以外、午前中から咲いている。

4月初めまで濠は空

4月中旬にポッンと芽立ち

5月中旬の幼葉は赤い

5月下旬、水面から茎を伸ばす

6月中旬には一面を満たす

7月8日、先駆けが開く

8月半ばには連日開花

10月下旬、葉が枯れる

11月に1か月ぐらいかけて蓮濠の1号濠から5号濠まで順々にハスを刈る。葉は背が高く大きいし、水を含んだ作業なので傍目にも重労働のよう。都心の風物詩ともいえ、これが終わって濠が空になると、いよいよ寒々しい冬が始まるのだという気がしてくる

11月上旬に項を垂れ、下旬には再び空になる

一方、ハスは四月の芽立ちに端を発し、日を追って席巻、縦にあふれて幾重にも重なり、その間から背の高い茎を伸ばして花を開く。蓮《はちす》が熟したら枯れ始め、福岡国際マラソン前に刈り取られて再び空の濠に戻る。

秋

立秋　処暑　白露

秋分　寒露　霜降

立秋《りっしゅう》

八月八日ごろ

立秋は秋の始まりだから、春の始まりの立春に相対する。その立秋の真ん中にお盆が挟まる。盆は仏事の、正月は神祭の、おおかたの日本人が日常を中断する最大の折目節目。正月に対する行事だから、ほんとうは正月が立春に含まれる方がわかりやすい。それに盆とはもともと、盆のように真ん丸な満月が出る陰暦の十五日の意味だから、関東流の七月十五日でも、福岡流の八月十五日でも、おかしなことになる。太陽暦に則った現代の生活様式では、月の運行に合わせて盆が毎年変動したら、それこそ大変なこと。このややこしさは時代とともに何度も挿《す》げ替えられた暦がもたらした捩《ねじ》れに他ならない。

　というわけで盆は夏ではなく、秋の行事。これで盆提灯の絵柄がアサガオやユリではなく、ハギやキキョウというのにも納得がいく。何よりも蓮花が咲き誇るのは八月の中ごろ。仏に縁の深いハスの開花を待たずして盆でもあるまい。この大きな白い花が好きな人は多いようだ。それが証拠に連日、蓮濠のまわりのカメラマンが増える。明治通り沿いの五つの濠は大柄な純白のハスの花、国体道路の護国神社前の六号濠は少し華奢《きゃしゃ》な薄紅色の花が咲く。ハスの種類が異なるらしい。花が白

アオスジアゲハの恋の駆け引き[⬆]。しばらく息を合わせながらヒラヒラと飛んだ後、突然降下して前に進む雌を中心に、前後に円を描く雄。どれだけ高度な飛行術かといえば、高速連続シャッターで撮影して初めてわかったことなのだが、左上のコマで雄の白い足が真上にきていて宙返り

お盆にはハス[➡]

濠の水を日光浄化するせせらぎで水遊びする子どもたち[⬆]。男の子が全員丸坊主というのもかわいい

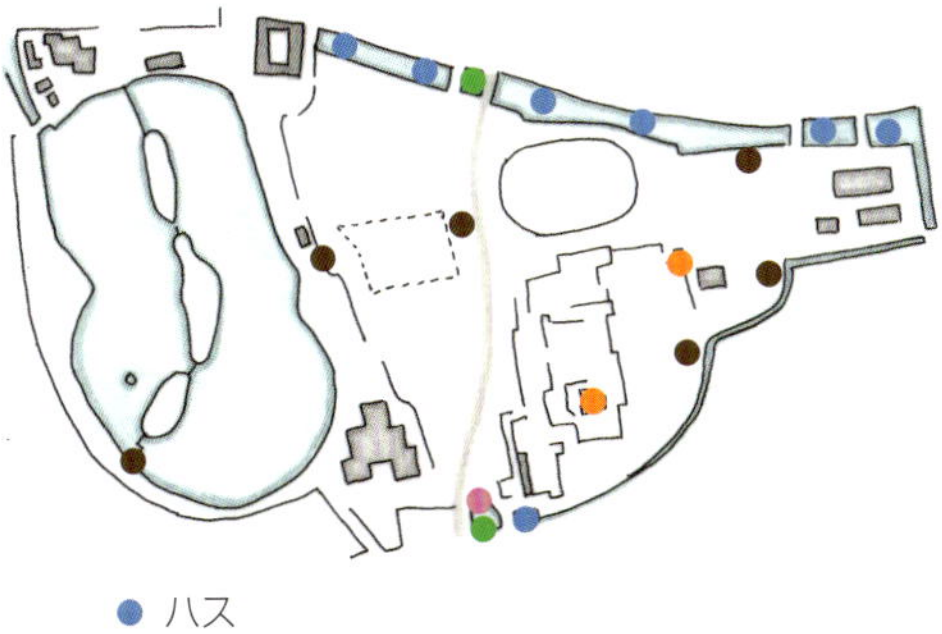

● ハス
● ヒシ
● スイレン
● ノブドウ キレハノブドウ
● チシャノキ マルバチシャノキ

く抜け、取り巻く緑の葉とコントラストが強いため、斜めの陽の光が花びらをやさしく浮き上がらせる早朝がいい写真を撮る狙い目のようだ。

　秋という呼び声とともに、いろんな結実が目につく。ノブドウの実が虹色に染まり始め、アオギリの種子が小舟の縁にしがみつく。硬い緑色の実がなるムクロジ。普通は喉をふくらませたカエルのような形なのに、種子が三つとも育ったものを見つけた。完熟して蠟のようになった飴色の実にこんな形は見たことがないので、成長不良でそのうち脱落するのだろう。

カキノキによく似ているのでカキノキダマシという異名をもつチシャノキ

3つとも大きく育った珍しいムクロジの実［↖］と通常の形［↑］

ハリエンジュの実

アオギリの未熟な実［↖］と準備が整って開いた実［↑］

七色に変化するノブドウの実

コブシはこのいびつな握り拳のような実の形から名前がついたらしい

目を凝らして見つけたヒシの小さな白い花

今晩開花しそうなカラスウリの蕾

秋風によく似合うネコジャラシ

処暑《しょしょ》

八月二十三日ごろ

暑さが落ち着く処暑とはいいながら、二〇一〇年は日中の最高気温三十五度前後がまだ続いていた。草木にも都合があろうにと見守っていたが、どうして、例年通りエノキの実は色づき始める。これが褐色になると干し柿のように甘い。甘酸っぱい干し葡萄のようなムクノキの実と、どっちがおいしいかと毎年、決まって論争になる。どちらとも、人も食べるが、鳥たちも大好き。

城趾周辺に巨大なエノキとムクノキが仲良く並んでいるのが不思議でしょうがない。これにもっと太いクスノキの大木が加わり、鬱蒼とした林を形づくる。昔からムクノキとエノキはよく取り違えられたらしい。神社の神木でエノキと伝えられているのに実際はムクという例や、諺に「椋になっても木は榎」と何が何でも主張を通す強情ぶりの喩えになるほど頻繁だったようだ。だが、しっかり見ると区別はすぐつく。エノキの葉は左右非対称でいびつ、幹は灰色でわりとなめらか。そして、あいらしい実のなり具合だ。ムクノキの葉は剛毛が密生していて昔は研磨に使ったほどザラザラ、幹は赤茶色で鱗《うろこ》のようにひび割れて剝がれる。

いくら暑くても、やはり秋だと思い知らされたのは、セミがいつの間にかクマゼミやアブラゼミ

子どものころはよく見たのに、いない、いないと探していたら、処暑になってようやく姿を現したハンミョウ[↖]
全身白ずくめだが、透明な上肢と不透明な下肢、赤い頭でキリリとまとめるアズチグモ[↑]
いつもは梢高く飛んでいるコミスジ[←]だが、産卵のためにか草地に降りてきた
エノキの実[→]が染まり始めた

ぶら下がるウスバキトンボ[↑]。枝の上にとまるリスアカネ[↗]。トンボは種類によってとまり方もちがう

から、カナカナカナと甲高いヒグラシの寂しげな声に替わったこと。早々と黄色になったイチョウも一本見つけたし、赤茶色になったサクラ葉が道端に吹きだまっている。そういえば、オシロイバナの開花時間も早まり、ままごと遊びで赤飯にしたアカマンマを筆頭にタデ類が目立つ。黒紫の実をつぶしてインクを作り、色水遊びをしたヨウシュヤマゴボウも熟れた。子どもに注意しなければならないのは命に関わる猛毒を含むようで、ヤマゴボウとおいしそうな名だが、根はもちろんのこと実も汁も決して口にしてはいけない。

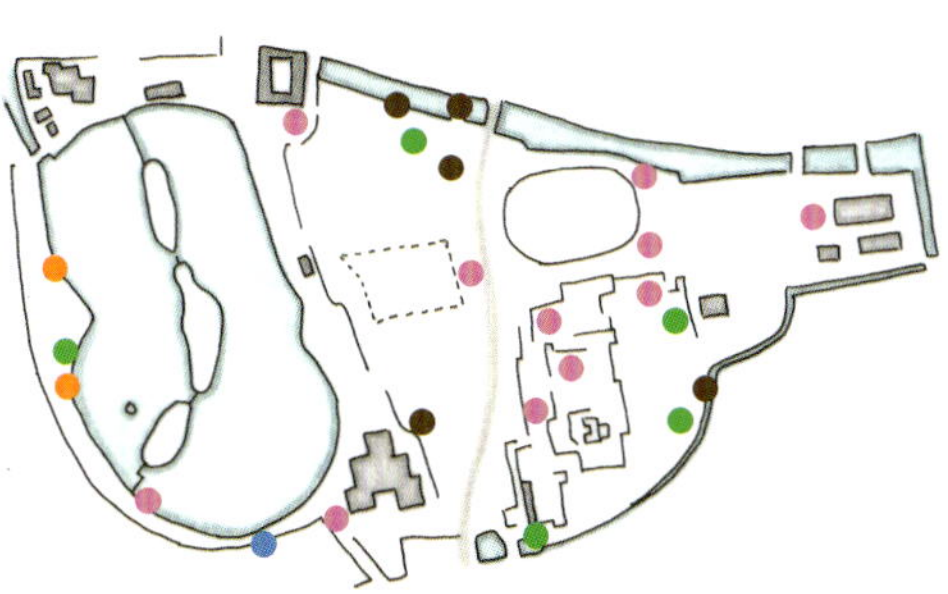

● イチイガシ
● イチョウ
● クズ
● アオツヅラフジ
● アジサイ ガクアジサイ

花の向こうに実もできたアオツヅラフジ

ノダフジの蔓に大きな実がぶら下がる

小さな株だが、ナツフジが咲いた

いい加減なもので、藤棚に作ってあるのがノダフジで、木におおい被さる野生のものはヤマフジだと思い込んでいた。それなのに6号濠や牡丹園はなぜ右巻きなのかと疑問も抱いたまま。たまたま植物観察の道行きに参加する機会があって思い切って尋ねたら、ノダフジは右巻き、ヤマフジは左巻きと指を組んで見分ける方法まで教えてもらう。以後、藤蔓の前に立つとアーメンの組み手をし、蔓が登るのはどちらの手の親指が上になるかで判断している。

[↖]このまま飾れそうなガクアジサイのドライフラワー
[←]やっと赤みを帯びてきたモチノキの実
悪しき実たるシキミの実[↓]が口を開け始めた
イチイガシの実[↘]が少しずつふくらんでいる。この実は生でも食べられるらしいが、一位というぐらいだから特においしいのではと待ち遠しい

最初に黄葉したイチョウの葉、中央からグラデーションが広がっていく

クズは屑ではない。吉野の国栖（くず）という地名からきたらしい。昔の人はこんなに有用な植物は他にないぐらい利用した。繊維質の蔓は縄代わり、葛布にも織った。根は良質のデンプンを含み、葛粉として食用にする。それに根を刻んで乾かしたものが風邪薬の葛根湯の原料。若い蔓先や花房はそのまま天ぷらするもよし、花だけしごいてサッと茹でて三杯酢もいい。すごい繁殖力なのに現代人は活用できない。クズ粉といいながらジャガイモのデンプンで代用する。

すぐにはびこって厄介者のクズだが、下から順に咲いていく円錐形の小豆色の花[⬅]は美しい
ツユクサの仲間で最後を飾るムラサキゴテン[↙左]、葉も花も紫
生の強いヤブマオ[⬇]だけど、花は意外と控えめ
群生していると葉書絵にでも描きたくなるイヌタデの花[⬇]

白露《はくろ》

九月八日ごろ

夜間急に冷え込んで草の葉に露がたまり、朝陽に白く輝いて見える白露にようやくたどり着く。こうなると、チカラシバ、メヒシバ、オヒシバなどのイネの仲間が草地を占領し、ヨモギが一気に丈を伸ばして花穂をつけ始める。加えて籔の中には、ヤブツバキの実がはじけて椿油が絞れそうなほど、そこら中に種が転がる。

何といってもこの年はキノコの当たり年だった。夏に観測史上初めてというほどの高い気温が続いたこともあったが、毎年、断水を心配する福岡でさえ、庭木に水を撒かなくていいほど雨量が多かった。そのお陰で秋本番になった途端、至る所にニョキニョキと束になってキノコが生え出した。素人判断は怖いので、食べられるキノコだといいのにと指をくわえて眺めるしかない。

そうこうするうちに、純白のセンニンソウが咲き始める。最初が天守台の城壁だったので意を決してよじ登って撮影したら、だんだん平地に下りてきて、もっと大きな群落を形づくる。美しいと思ったら西洋的にはクレマチス、日本版ではテッセンの仲間らしい。毎年、心待ちにする花だけど、これが曲者で毒がある。汁が肌につくと炎症を起こして水ぶくれになり、口に入ると胃腸の粘膜が

だんだん秋が深くなって、寿命が短い昆虫たちは慌ただしい。
ハネナガイナゴ[⬆]も交尾の後にはすぐさま産卵が控えている
カラムシの葉に丹念に１つずつ卵を産みつけていくアカタテハ[⬆上]
花の蜜を吸った後、ちょっと葉陰で休憩するキタキチョウ[⬉下]
人目につきにくい所に、純白のセンニンソウの花[➡]が群れ咲いた

紅色も鮮やかなベニイトトンボ[⬆]、雨降り以外、まるで出勤してくるかのように仲間といっしょに同じ場所にいる

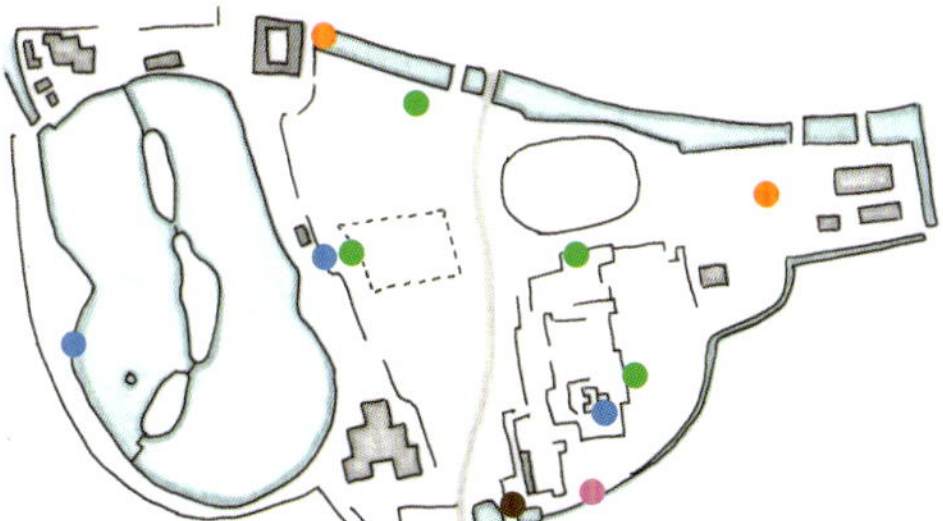

● センニンソウ
● キツネノマゴ
● カラムシ
● アメリカセンダングサ
● ハゼラン

ただれて血便になるらしい。種もまた白髭を蓄えた仙人の顔のような形でおもしろいのだが、扱いにはくれぐれも気をつけたい。

上を見上げたらクヌギの実が、淡い青緑の殻斗《かくと》からほんの少し顔を出している。まだ実も同じ青緑。せり出すと同時に、陽に当たって足早に茶色に熟れていく。ドングリで一番先に落ちるのがこのクヌギ。実が大きいからか子どもたちに人気があって、いつも早々と姿を消してしまう。一足先にアオギリの小舟は茶色になった。風に乗ってこぎ出すのも間近だろう。

名前になるほど丸く艶やかなサンゴジュの珊瑚のような赤い実

大量に実をつけたミミズバイ

イチョウが必死に子孫を増やそうとしている

茶色になって船出するアオギリ

葉より先に赤くなるハナミズキの実

もうすぐザクロの口が開く

クスドイゲの小さな花は、垂れ下がった枝の中に入ってやさしい葉や枝ぶりといっしょに眺めたい

花火のようなニラの花

アメリカセンダングサ

爆ぜたようなハゼラン

虫食いのないカラムシの花群れも珍しい

キツネの尾のように咲き上るキツネノマゴ

秋分《しゅうぶん》

九月二十三日ごろ

秋の彼岸にあわせたようにヒガンバナが咲く。生死の海を渡って到達する悟りの世界が彼岸で、秋分の日が彼岸会の中日にあたる。別名の曼珠沙華は梵語で赤い花のこと。地面からいきなり茎を一直線に高々と伸ばし、華々しい真っ赤な花を咲かせる。時が時だけに、この世の此岸ではなく、あの世の彼岸の花だと不気味さも手伝ったのではないだろうか。墓地に植えられることが多かったからか、死人花《しびとばな》、仏様花、化かされたとの思いからか狐の松明《たいまつ》、狐花などの異名をもつ。

すぐ横に並んで咲いていた白い花はシロバナマンジュシャゲという別もの。ヒガンバナと黄色いショウキズイセンとの自然交雑種だという。ヒガンバナが直線的なのに比べ、波打っていてやさしい面持ち。どちらも派手な花を輪状に咲かせるわりに、種はまったく実らない。

秋が待ち遠しい理由の一つに、ノブドウの実りもある。ヤマブドウのように食べられはしないのだけれど、その黒いあばたのある実が白から淡緑、青緑、青紫、淡紅、赤紫と日を追って彩りを変えるところがみごと。ブドウのように大きな葉のノブドウと、スイカのように切れ込みが深いキレハノブドウの二種類とも城趾の石垣周辺に見られる。

ツマグロヒョウモン雌

真っ黒なナガサキアゲハ雄

数が少ないキアゲハ

ハギが好きなツバメシジミ

当然のことだけれど、チョウには雌雄がいる。例えば左上のツマグロヒョウモン、先立つ春の穀雨で雄を紹介したが、翅の黒い縁取りの幅が狭く、雌の両肩にある縦の白黒の帯模様がない。名前を分解すればツマグロ、つまり褄が黒い、ヒョウモン、豹柄なのだから、どちらかというと雄の方がまさしくといったところ。上のナガサキアゲハも翅表が真っ黒なのは雄だけらしい。雌には白い部分が目立ち、赤い紋も入る。翅を閉じた雄にも裏側に赤い模様はあった。キアゲハは蝶の専門家には簡単らしいが、初心者には見分けがたい。

群生するシロバナマンジュシャゲ[➡]

ノブドウが少し先に色づき始め、キレハノブドウがそれを追いかける順番。どちらかといえば繊細な風情のキレハノブドウの方が陰影が深くて美しいような気もするが、どうだろうか。

　そうこうしているうちにヒヨドリバナが咲く。そろそろヒヨドリやカモたちが戻ってくるかも。まもなく大濠も、虫たちから鳥たちに住民が入れ替わる。もちろん、虫がすべて死滅してしまうわけではなく、姿を潜め、動きが鈍くなるだけ。そして逆に鳥たちが舞台の前面に出て、木々の梢に鳴き声が響き渡る季節がやってくる。

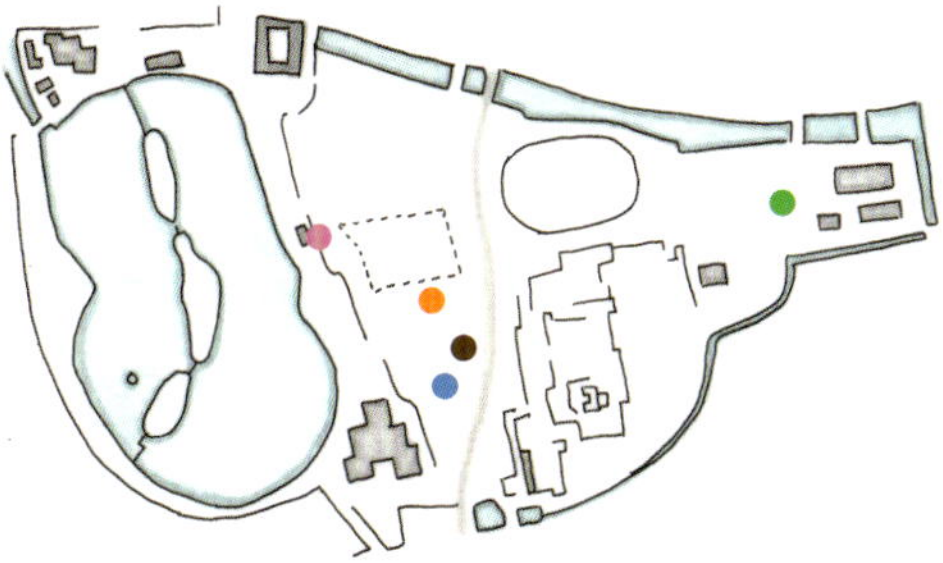

- シロバナマンジュシャゲ
- バクチノキ
- イヌコウジュ
- アレチヌスビトハギ
- ハイメドハギ

見上げるとホルトノキにも実

猛暑で珍しく実をつけたキョウチクトウ

土手のバクチノキ[➡]は博打の常習犯らしく、身ぐるみ剝がれて丸裸。大濠のこの木は全国的に有名らしい。秋雨の前後に白い小さな花[⬆]をつけるのだが、蜜が多いのか微細な虫がうごめいていた。水路を隔てた木陰に子バクチ[⬇] 3本。まだ賭け事はしていないらしく、木肌は普通だが、早く大きくなりたいのか葉は親木の5倍ほどの広さ

人や動物にくっついてどんどん増えるアレチヌスビトハギ

チョウも好きなハイメドハギ

シソの仲間のイヌコウジュ

ヒヨドリが来るころ咲くヒヨドリバナ

秋の野に咲くケシかと思いそうなアキノノゲシの名前。ケシとは名ばかりで、花はまさしく菊の形。ノゲシの命名元になったアザミゲシに似ているのは葉だけ、花が因縁ではない。もっとややこしいのはアザミゲシ自体、葉がアザミ、花がケシに似ていたためにつけられた名前らしい。というわけでノゲシは直接、ケシの葉とは似ても似つかない。それにアキに対応するのはハルノノゲシのハルで、こっちは単にノゲシとも呼ばれる。簡単にまとめると、春に咲くノゲシによく似た秋に咲くノゲシという意味のようだ。覚える方としては、命名はもっと単純にしてほしいと思わないでもない。

淡く可憐なアキノノゲシ[←]
小さな花のわりには実が大きいモッコク[↙]
アキニレの小さな花[↓]。消え入るようなコムラサキの紫色の実[↓]

寒露《かんろ》

十月八日ごろ

　秋分を過ぎたら、季節は一足飛びに寒に突入。寒露は草露が冷たいという意味で、もう半袖では寒すぎる。博多弁で「びったれおどし」と人をからかう。衣替えをせずに、いつまでもだらしなく夏服を着ていたら、急に冷え込んで縮み上がるぞということらしい。

　イチョウの黄葉に引き続き、ハナミズキが他に先駆けて紅葉した。ついこの間、実を真っ赤にしたばかりなのに、もう次の段階に進む。その上、葉陰には来年の春に咲く固い花芽をちゃんと準備する。ムクノキの実も黒紫に完熟して食べごろになった。熟れると潰れやすいので、この実だけは落ちたのではなく、まだ枝先にくっついているのを指でもいで口に入れたい。

　濠西のグリーンベルトに昼間、草刈りが入った。下草の中で秋の夜長を鳴き通していた虫たちはどうなるのだと心配していたら、その夜はアラカシやメラノキシロンアカシア、クロガネモチの木々の枝から虫の声が降ってきた。賢く移動して住処《すみか》を失う難を逃れたようだ。木々から降り注ぐ虫の声もなかなかの風情。あともう少し、声の限りの命の輝き、そう思えば一層心に染みる。

　カモの里帰りがいよいよ本格化。朝陽が顔を出

葉と同じ緑の体に黒突起がしゃれたイシガケチョウの幼虫[↖上]。器用に虫を捕まえたシジュウカラ[↑上]
イチモンジセセリ[↖下]と白い紋が目立たないチャバネセセリはよく見かける
大きな紋が見分けポイントのモンキチョウ[↑下]
真っ赤に紅葉したハナミズキ[➡]は、もう来年の花芽を準備している

天高く晴れ渡って、気持ちのいい体育の日。老若男女が陸上競技場に集まり、市民総合スポーツ大会[↑]が始まる

す六時半ごろ、五から十羽ほどの集団が何組も大濠の上空を旋回する。半日過ごすより安全な場所を探しているようだ。昨日よりも今日、今日よりも明日とその群れの数が次第に増える。朝は逆光で種類までわからないが、昼間、美術館前にホシハジロやキンクロハジロが百羽ほど浮く。まだ長旅の興奮が冷めやらないのか活発に動き回る。

毎年十月二十日ごろ、最初の木枯らしが吹き、さすがに寒露だと、やがて到来する冬を観念させられる。そして秋の終わりの霜降を前に、賑やかに鳴いていた虫の声が突然止まった。

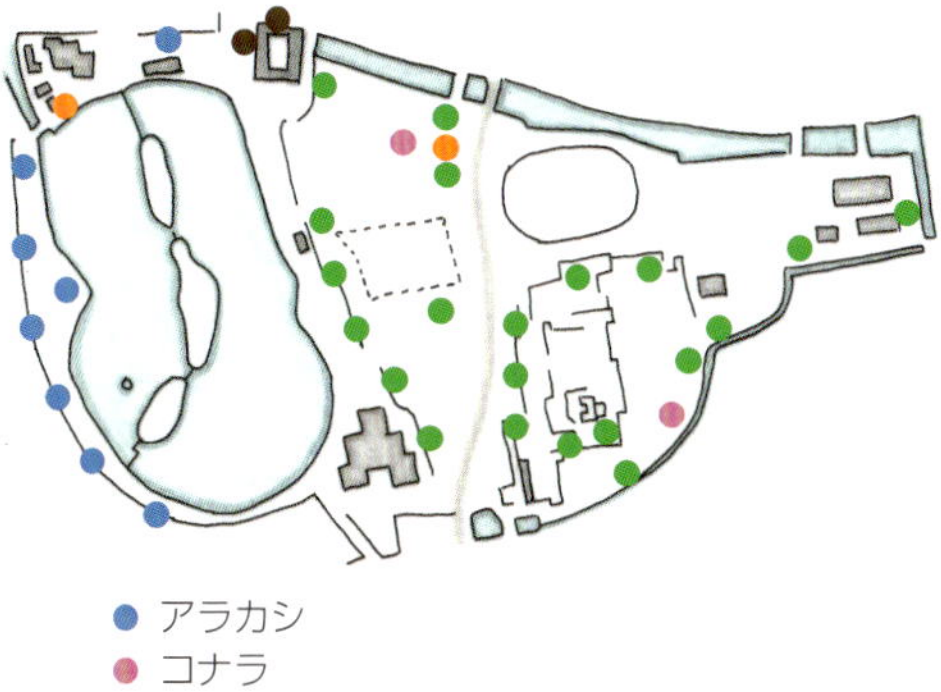

● アラカシ
● コナラ
● ムクノキ
● キンモクセイ
● ギンモクセイ

大濠のドングリといえばアラカシ

丸く剪定されるウバメガシの実はまばら

すっぽり殻斗に守られたスダジイの実

カシやクヌギ、ナラなどの実をまとめてドングリと呼ぶ。漢字で書くと団栗、丸くて栗のような実、食べられない栗、古い韓国語のドングルイなどが語源候補とか。何の実か悩んだら、殻斗を見れば区別がつく。クヌギは巻き毛風、ウバメガシ、マテバジイ、コナラ、ナラガシワは瓦状、アラカシ、イチイガシは横縞、シイ類はおおわれて先が割れる。

コナラの実[➡]も少ない。千切りながら頬ばりたいムクノキの実[⬇]。拾い集めたギンナン[↘]。子どもに人気のクヌギの実[↘]

先に甘く香り始めるキンモクセイ

香りで気づくナワシログミの地味な花

ギンモクセイの方が香りはやさしい

ヒョウタンのようにくびれるエンジュの実[⬅]
ハクサンボクの実が真っ赤に色づく[➡]
そばを通ると服にたくさん種がつくイノコズチ[⬇]
先立つノブドウよりも、葉の切れ込みが繊細で風情があるキレハノブドウ[⬊]

霜降《そうこう》

十月二十三日ごろ

晩秋になって昼間は晴天が続き、夜急に冷え込んで初霜が降りる。空が高く晴れわたるから、煌々と輝く満月も、黄金色に染まって微かにたなびく雲の合間から顔を出す朝陽も、この上なく美しい。西の児童公園で毎朝、六時半から始まる参加自由のラジオ体操と太極拳が、ちょうど日の出時刻と重なって、いちばん気持ちよく感じられるのがこのころ。現在は百人を超える参加数、仲間が集い始めてかれこれ八年ほどになるらしい。

誰もが知るラジオ体操は全員が中央を向いて輪になり、太極拳は新しく始めた人を真ん中に、ベテランが東西南北の周辺をかためる。新人はどちらを向いても手本があるので、事前に習得していなくてもどうにかついていく。普段は使わない足腰の筋肉をゆっくりとした動きで鍛え、夜のうちに木々が浄化した空気を深呼吸で胸一杯に吸い、今日の元気は満タン。起き立ちに三十分ほどしっかり体を動かして、一日をシャキッと過ごす。

だいたい日の出は一節気で十数分ずれていく。その間隔は常に均等というわけではなく、夏至と冬至近くは数分の差。夏至が最も顕著で十五日で一分あたりまで縮まるようだ。霜降に入りたては、すでに朝焼けで明るくなった広場に集い、神々し

［⬆上から］クロマダラソテツシジミ雌。やっとそろって表を見せてくれたウラギンシジミ雌と、やっぱり派手な雄

戻ってきたホシハジロとキンクロハジロの群れの向こうに、中の島のクロマツ［⬆］の林。美術館前の東の対岸から眺めた昼間の姿
西の対岸から中の島のクロマツをシルエットで捉えた満月と朝日［➡］。満月は少し北寄りに、朝日は少し南寄りにゆっくり昇る
濠に張り出した児童公園で、雨の日以外、毎朝6時半から、誰でも参加自由のラジオ体操、太極拳［⬅］があっている

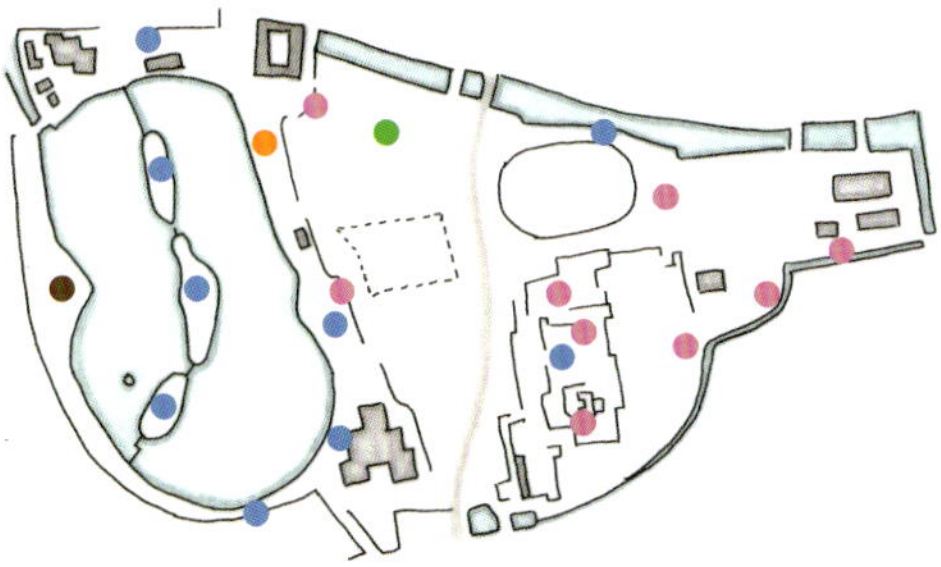

● クロマツ
● マキ
● ナラガシワ
● ヒメユズリハ
● ラジオ体操と太極拳

い日の出を眺めながらラジオ体操をしていたのに、次の節気になるころには太極拳も終盤にならないと陽は昇ってこない。

　つまり、七時を過ぎないと太陽が昇らない極寒の二月は、真っ暗な中でラジオ体操が始まるというわけだ。こうなるまでに一人脱落、二人欠け、根性比べの様相を呈する。しかし、これまで雨の日以外に途切れたことがない。逆に夏場は子どもたちも加わって、一気に人数がふくれあがる。心と体を健全にする大濠の良き習慣を、数十人の常連が連携しながらがっちりと支える。

パステルカラーのマキの実。鳥たちに種を運ばせるため、串団子の下の赤を甘くおいしくする

少し白っぽい葉が特徴のナラガシワ[↑]、これで柏餅を包む。ナラガシワの肩が張った寸胴のドングリ[↗]は、大濠ではクヌギの次に大きい
花から3か月、サルスベリの実もそろそろ落ちごろ[→]
芯からこぶ状態にふくらんで順番に色づくサネカズラ[↓]

待ちに待ったチョウセンゴヨウのマツボックリ[↑]がはじけた。1枚の翼に2個ずつ種が入っている。殻を歯で割って食べたら、まさに松の実
艶々と鮮やかな赤に色づくウメモドキ[↙]
ヒメユズリハの濃い紫の実[↓]はなぜかゆかしい

カタバミ類は一面を占領するのでどの種も見応えがある。その上これは花も大きなハナカタバミ

花が少ない師走に香るスイセンだが、このころひっそりと球根から芽吹き[←]始める。草地にはいっても踏まないように気をつけたい

イタドリの小さな種[→]がヒラヒラと秋風に揺れてかわいい

秋に咲くジュウガツザクラ[↓上]

水辺のヨシの穂[↘]が開いて夕日にキラキラと輝く

路地にホトトギスと驚いたら、園芸種のタイワンホトトギス[↓]が庭から逃げたようだ

これが年中無休で花をつけるセイヨウタンポポ秋バージョン[↘]。葉の茂りも小さく、花もなんとなく弱々しいが、ちゃんと綿毛を飛ばして、確実に陣地を拡大している

裏表のある葉っぱ

木の葉には当然のことながら裏と表がある。それぞれが異なる表情をしているので、慣れてくると葉だけでも名前がわかる。大きさ、形、色ともとても個性的。縁が円かギザギザしているか、脈の入り方、先の尖り方、付け根の納め方、触り心地、照り加減、どれも全部ちがう。

この7枚の葉の正体は、上左からタラヨウ、ミミズバイ、マテバシイ、中左はチシャノキ、右はシロダモ、下左はエノキ、下中央はムクノキ。葉の印象を頼りに親木を探し当ててみるのもおもしろそう。同じ位置に裏と表を並べ、それぞれは等倍の縮小率。

エノキ

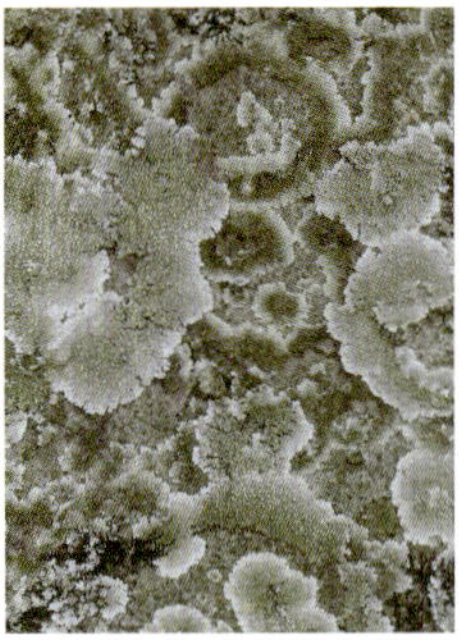

エノキ古木

クスドイゲ

クスノキ

あられもない木肌

ひび割れだったり、色ちがいのパッチワークだったり、薄く何層にも剝がれたり、決まって同じ苔をはべらせたり、横皺を微妙に伸ばしたり、一本一本点検すると変化に富んでいるのが木肌。しかも同じ種類の樹木は、多少の変異があっても、同じ風合いだから感心する。矯《た》めつ眇《すが》めつ眺めた木は、そのうち肌合いだけで樹木名がわかるようになってしまう。

中でも特におもしろいのがムクノキとエノキ。青年と壮年、成木と老木で表情をガラリと変える。両方とも城趾の西側から南辺に大木が多い。

エノキは節くれ立った灰色の幹、ムクノキはかさついた赤茶色の幹に目星をつければだいたい当たる。

そしてこの二本は不思議とよく隣同士に生えている。エノキに際立つのが白い苔のような老人斑。老いた木になると必ずできるようだ。逆にムクノキは幼木の代赭色の肌を白く裂いて幹が太るかのようなさざ波模様が美しい。

毎日、自分の顔を鏡に覗き込むことを思えば、木肌を判断する眼力はすでに持ち合わせているはず。肌理《きめ》の細かさ、ひび割れ、しみや吹き出ものを見つけるのは得意技かも。

ムクノキ

ムクノキ若木

シダレヤナギ

ヤマモモ

アオギリ

アキニレ

イチョウ

ウメ

クヌギ

クロガネモチ

クロマツ

ケヤキ

サンゴジュ

モミジバスズカケノキ

スダジイ

センダン

チョウセンゴヨウ

トウカエデ

バクチノキ

マテバシイ

多種多様、千差万別の木の実

イチイガシ

ウバメガシ

ツブラジイ

スダジイ

木なりのマテバシイ

クヌギの若い実

いろんな木の実が熟す晩秋は、子どもでなくてもワクワク。食べるために実を集める楽しさはもちろん、それぞれに意匠を凝らしたおもしろい形をしている。季節飾りを演出したり、並べて額を縁取ったり、子どもと遊び用具を作ったり、いろいろと手工芸に応用したい。

大濠で食べられる木の実の筆頭は、食べ切れないほど落ちる銀杏。イチョウは雄株と雌株に分かれるから、どれにでもなるわけではない。カキノキも何本かある。ドングリで拾い甲斐があるのはマテバシイ。他のシイに比べて実が大きく、煎ると香ばしくておいしい。美術館北側の張り出しや、城趾球技場南、東の児童公園南にかたまる。

本家本元のスダジイは大木が数本点在する。ツブラジイも美術館の南入口横に一本。日本庭園裏口横のイチイガシもおいし

フウ

モミジバフウ種

モミジバフウ

アオツヅラフジ

ウサギアオイ

キヅタ

キリ

ムクロジ

メタセコイア

センニンソウ

アキニレ

モミジバスズカケノキ

いのだがまだ実は少ない。無尽蔵になるアラカシや、丸く大きなクヌギは、残念だが、そのままでは食べられない。

　形が独特なのがムクロジ。蠟のような艶のある外皮の中に、黒い種が一個入っている。じつはこの種が羽子板の羽根の黒い玉に使われる。牡丹園内の大きな二本に無数になるので、拾い集めて枕を作ったら寝心地がよさそうな気もする。

　紫色の実の中に一つぶ入っているアオツヅラフジの種は、まるで丸まった虫のよう。剝き出しのウサギアオイの実は、これが筋のところで十個ほどの種に割れる。キリは堅い実の中に埃のように細かい種子が無数に入っている。キヅタは独楽《こま》のようにクルクルと回り出しそう。おどろおどろしいモミジバフウの実を振ったら、ゴキブリのような種子が落ちてきた。

冬

立冬 小雪 大雪

冬至 小寒 大寒

立冬《りっとう》

十一月七日ごろ

冬の始まり。「ふゆ」の音は「冷《ひ》ゆ」が変化したもので寒さが威力を振るうという意味、もしくは寒さに震えるからきたという説もあるらしい。日一日と昼が短くなるのがわかるほど、太陽が昇るのがますます遅くなり、沈むのがつるべ落としに早まる。つい先日まで昼間は二十度近くあった気温も、次の小雪になる前に一気に一桁台へ下がってしまう。どっさりドングリが転がり、紅葉が深まって、寒さが日増しに厳しくなっていく。

十一月に入るとユリカモメが次第に増えてくる。大濠では近年、この渡り鳥が数で首位の座を保つ。以前はホシハジロの方が断然多かったのだけれど、全体的に減った上、大半が元平和台野球場前の濠割に引っ越したため、物怖じしないユリカモメたちが幅をきかせるようになった。

これがなかなか目がいい。パンの欠片を投げ上げると、どこからともなく群れ飛んできて、間髪を入れず空中で掠《すく》う。途中ですばやく横取りするので、やりたくとも水面で待っているカモたちに行き渡らないほど。カモメの仲間では他に、足が黄色で頬に墨が入らないカモメ、尾の先に黒帯のあるウミネコ、黄色い下くちばしに赤斑があるセグロカモメ、その大型で灰色が濃いオオセグロカ

イチョウの黄葉[↑]
落ちた実を皮だけ残して鳥が食べているので甘柿[←]、しかし、なったのはそのまま放置しているから渋柿かも

ボダイジュ[→]は葉がすべて落ちて、実だけしがみつく。見るからに意味ありげな形。葉のようなものの真ん中から長い柄が伸びて、枝分かれした先に丸い玉が何個かずつぶら下がる。強い風が吹くと竹とんぼのように浮力を得て、クルクル旋回しながら種を遠くまで運ぶ。ボダイジュはこの１本だけ。けれども実をいうと、お釈迦様が樹下で悟りを開いたインドボダイジュとは縁遠く、仏教が広まった中国で寒い土地でも育つからと、葉が似たこの木を代用したらしい。風を待って飛ぶ様も目撃したいし、実を拾って腕飾りも作ってみたい。

児童公園で思わず遊んで気がつくと、体が冷え切ってしまっている。こんなときに巡回してきた焼き芋屋さん[↑]の呼び声はうれしい限り

モメなどの姿を見かけるようだ。

　五十年ほど前のことだが、濠に浮かぶオシドリを思い出す。用心深いオシドリが居着くほど長閑《のどか》だったということ。単独行動のカイツブリも今よりずっと多かった。当時は岸から少し先の深みに何本もの筒を沈めてウナギ漁も行われていた。しかも仕事として作業しているような出で立ちで、漁《すなど》るのは食べるためだった。現在、唐人町から先は暗渠になっている黒門川もキラキラと水の流れる川で、時期になると大きなサヨリが群れをなして遡上していた。

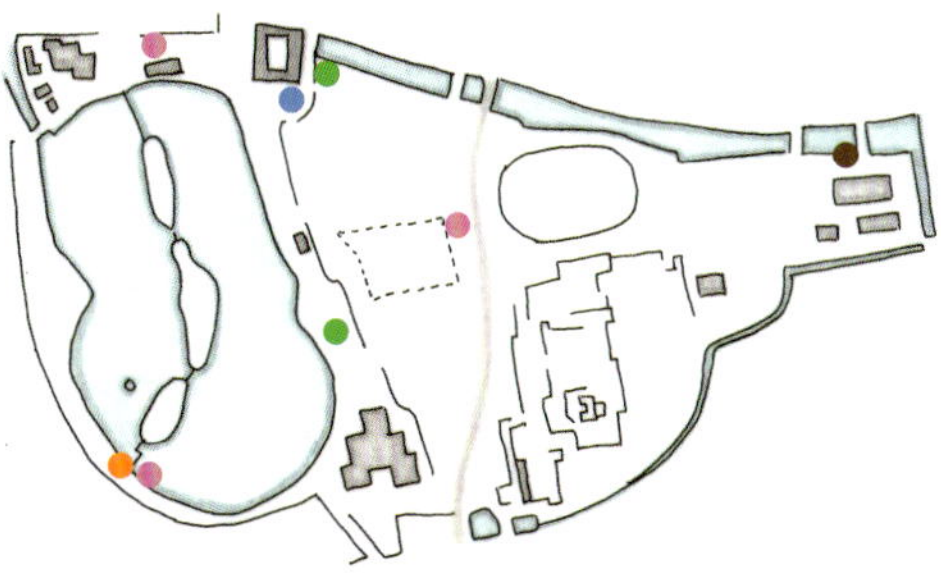

- ボダイジュ
- カキノキ
- ヒマラヤスギ
- トウネズミモチ
- ツワブキ

ヒマラヤスギの雄花が行儀よく並んだ

シロダモ[⬆]は雌雄異株。雄株は花だけ、雌株は赤い実といっしょ

葉が似るのでスギと名はついているが、ヒマラヤスギはマツの仲間。太い幹を見るとマツによく似た割れ目があって薄く剝がれる。円錐形の端正な姿は、世界でもっとも優れた樹形の一つに数えられる。とはいうものの、それは単体でのびのびと立っているときのこと。ちょうどこのころ、円柱形の黄褐色の雄花と、小さく淡緑色の雌球花を別々の枝につける。見上げるような大きさだから、上向きの小さな雌花はなかなか見つけづらい。

土手がツワブキ[➡]の鮮やかな黄色でおおわれる。普段は他の草に紛れているのだけれど、花茎はそろって伸びるからよけいにみごと

よく見るとかわいいビワの花[⬇]

ムクノキに小鳥が好きな甘酸っぱい実がなる

トウネズミモチの実は干して強壮剤に使うとか

何々モチとつく木は多い。モチノキ、クロガネモチ、ネズミモチ、トウネズミモチ……。この中でモチノキ科の前2つは赤い実がなり、あと2つはモクセイ科でネズミの糞のような灰黒色の実がなる。モチを冠するのは枝葉がモチノキに似ているかららしいが、よく見るとそれぞれにかなりちがう。特にクロガネモチの葉は中折れにたたむように反り返り、幹も明るい灰色で遠目に目立つ。一方、先が尖るトウネズミモチの葉は光にかざすと、細かい葉脈までくっきり透けて見える。

トキワサンザシ[↖]の赤い実、熟れたリンゴのようでおいしそう
クロガネモチ[←]は大きな木から、小さな木までかなりの数が見つかる。中には珍しい斑入りも
真っ黒いクスノキの実[↓]。たくさんなっているのに食べる鳥は限られる

小雪《しょうせつ》

十一月二十二日ごろ

小雪とは雪が降り始める意味だが、福岡では北国から雪の便りが届くという程度。とはいえ十度以下に下がる外気を急激に寒くなったと実感する。

地面をおおうドングリの数に全部芽吹いたらどうなるのかと、繁殖に費やすエネルギーのすさまじさに圧倒される。それはクスノキも、エノキも、ムクノキも、ナンキンハゼも同じ。一本の木になる実は少なくとも千、あるいは万を超えるのではないだろうか。鳥が食べる数、発芽にまで到達しない数を差し引くと辻褄が合う。

例えばクスノキ、太い枝にとまったカラスが実のなった小枝を千切っては落とし、千切っては落とし、まるで収穫作業。その賢いカラスの上前をはねようとハトが下で待ち受けてお先に失敬。たまにハトを狩るカラスなのだが、この時ばかりはちゃっかり利用される。有毒だといわれるナンキンハゼも競って食べる。同じムクノキでも美味なのとまずいのがあるのか、集う木と見向きもしない木がある。エノキも同じときに黒褐色に熟すのだけれど、どちらかというとムクがおいしい。

地面を歩くセキレイに行き合うと、しばしば向こうから道案内をかって出る。飛び立っては前に行き、振り返ってはしばらく歩く。何度か繰り返

虫がアキニレ[⬅]を大好きらしい。まるでレースのようにどの葉もみごとに食べられている
このドングリ[⬆]は集めたわけではなく、西側のアラカシ林の下はそこら中がこう

ふと見上げた樹間が、湾曲した黒い枝で区切られている。その先端から小柄が八方に広がり、微妙に色づいた小さな葉を平らに開く。他の大木に陽を遮られたハゼノキ[➡]が染まるのはここまで。その造形と色彩はまさに神の手技のようにも見える。
赤は可視光線の中で最も波長が長い光であるのに反し、波長のエネルギーは最も低い、そこのところが落葉と関係あるのかないのか。朝陽であろうが、血であろうが、炎であろうが、人の目はまず赤に釘づけになるらしい。

木々が紅葉して色合わせが無尽蔵になる晩秋、絵を描いてみようと思う人[⬆]が増える。イーゼルにキャンバスを立て、スモッグをおしゃれに着こなし、木炭を握った手を走らせる

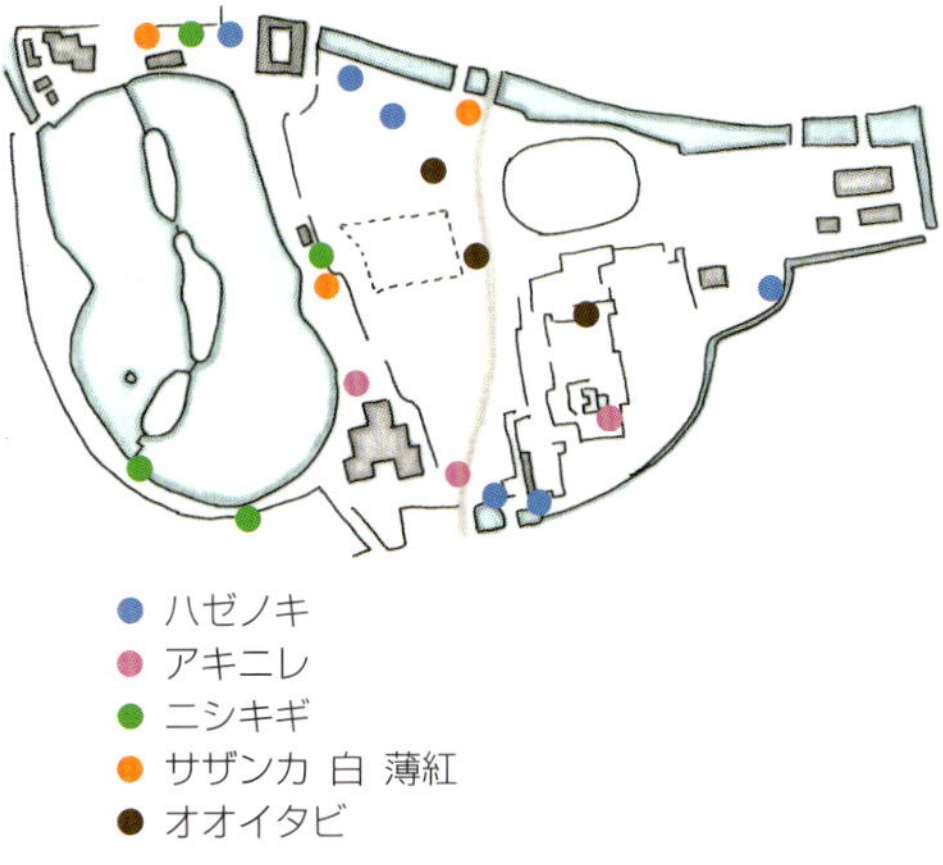

したあげく、見切りをつけて遠く飛び去る。都心部では冬に多く、昼間は水辺に分散し、夜は集団で眠りにつくとか。どこにそれだけいるのか千羽を超す群れになるらしいから、そのうち、ねぐらも突き止めてみたい。

ウメは花ばかりがもてはやされて、みごとな黄葉を知る人は少ない。黄に染まって落葉するまでの期間が短いのも原因のよう。一度、同じ木で満開の花の時期と見比べてほしい。黄色は淡い紅に縁取られ、葉が大きいこともあって目が覚めるように鮮やか。緑葉の存在感ともひと味ちがう。

例のウメの縁取りがほんのり紅の黄葉

陽の当たるハゼノキはこんなに真っ赤

様々な紅葉の中でも、かわいらしい赤といえばこのニシキギ[⬅]。葉に少しふくらみがあって、垂れ下がるのもその要因かもしれない。色づいた木はすぐ目につくけれど、他の季節でも区別はしやすい。特徴は枝の四方に張り出した切れ切れの翼。鮮やかな薄緑の芽吹きと小さな花の開花は4月。この後、枝だけになった冬場も、硬いコルク質の翼が太い線のシルエットになってしっかり自己主張する。

紅葉が美しいツタ[⬅⬇]。巻きひげが葉の反対側に出て、枝分かれした先端の吸盤で木、壁、石垣と器用に登っていく。メタセコイア[➡]の和名はアケボノスギ。原始のスギの意味らしいが、まるで曙のようなやさしい紅葉

連なったサザンカの純白八重[↑]、ツバキ属特有の濃い緑に映えて美しい
特記すべきもう1本は西公園からの入り口左、細い薄紅色の花弁[↖]のそれ。大木に囲まれて消え入りそうだけれども、繊細な風情に引きつけられる

仙人は世俗を離れて山中に暮らし、霞(かすみ)を食らい、不老不死の法を修め、神変自在の術を使う。風貌をあごひげに限ればセンニンソウの肌色の種子[→]に細長くたなびく銀色の毛はまさにぴったり

真っ赤に燃えるドウダンツツジ[↖]
満杯にした氷嚢のようなオオイタビの紫の実[←]、下の方には蛍光色のそばかすも
トベラは熟すと割れて赤い種子[↓]が覗く
ヒイラギがほんのり香る白い花[→]をつけた

大雪

たいせつ
十二月七日ごろ

北風が日増しに強くなってドカ雪が降るという大雪だが、福岡では冷え込んだ深夜に降ることはあっても、昼間は急激な温度変化で霰《あられ》がぱらつくぐらい。だからだろうか、カモたちにとってはしのぎやすい越冬地のようだ。次々に大群で飛来し、冬の役者がようやくそろう。その水面に風で吹き飛ばされた落ち葉が浮かぶ。木賊《とくさ》色の下地に渋い赤、くすんだ黄、侘び茶を散りばめ、このまま和服に染め上げたいような配色だ。

　なんだかメラノキシロンアカシアの木全体がモヤモヤしていると思って近づくと、小さな蕾がすでに無数についている。春先に黄色いボンボンのような花が咲くのだけれども、こんなに早くから用意しなければならないのだ。日増しに強まる寒さをやり過ごすためにか、まるで鱗のような硬い外皮に包まれる。

　緑の変化が停滞すると、陰に隠れていたキノコが目立ち出す。カワラタケは世界中でもっともありふれたキノコという触れ込み。枯れた木ならば広葉樹も、針葉樹もいとわない。屋根瓦を葺いたように整然と列をなし、黄褐色、赤褐色、灰褐色、黒褐色が同心円に並んで、じっと眺めていたら、これは美しいかもしれないとつい引き込まれてし

力をためて飛び立つヒドリガモ[↑]と、居座って卵を守るジョロウグモ[↑]

長い期間にわたって1枚ずつめくるように咲いていくバショウの花[↑]
愛犬と見つめ合う[↗上]至福の時
寒くなると中高生のマラソン[↗下]が増える

まう。

少し前まで樹間に所狭しとクモが網を張っていたのに、どこに姿を隠したのかと気にしていたら、木の幹に卵を産みつけてその前に陣取り、しっかり我が子を守っていた。なぜ、秋になるとジョロウクモの網が増えるのか疑問だったが、たくさん食べて、その後の出産、子育てに備えていたのだ。現在は漢字で女郎蜘蛛と書くけれど、本来は位の高い女官の上臈《じょうろう》だったとか。いつから身分を落とされたのか、クモの生態と女郎もしくは上臈の資質のどこが結びついたのかとても興味深い。

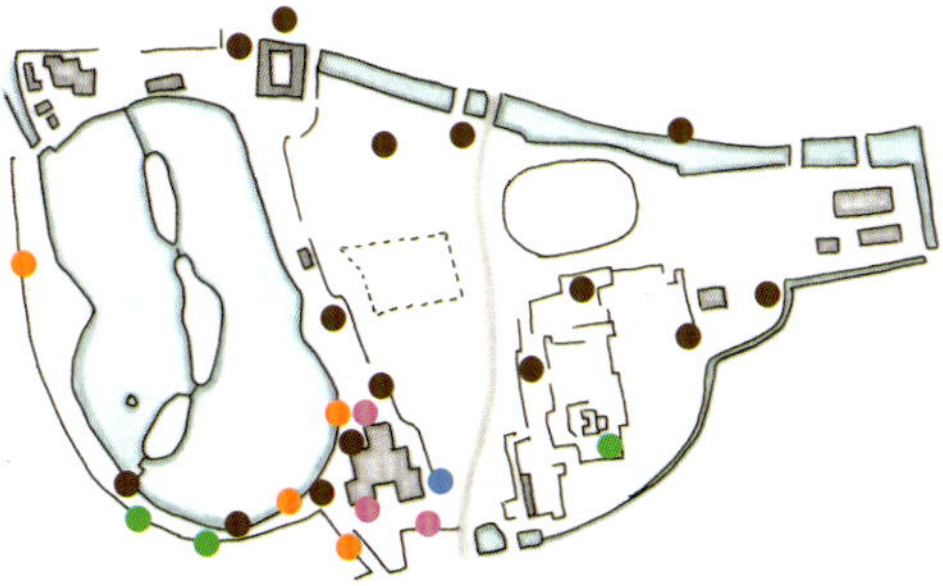

目のさめるような黄色に染まったイヌビワ

メラノキシロンアカシアの蕾

イヌビワの黄色は見るたびに色鉛筆に１本ほしくなる。葉が落ちた後に実だけがいつまでも残り、これがややこしい。外観は琵琶形といえなくもないが、成り立ちが似ているのはビワでなくイチジク。ビワはバラの仲間で、イヌビワもイチジクもクワの仲間。雌花はそのまま実になり、黒紫に熟すと食べられる。おいしい木を鳥たちは知っていて小競り合いが起こるほど。じゃあ、なぜ名前がイヌイチジクではないのか。それはイヌビワのせいでなく、人のなせる技。分厚い『牧野新日本植物図鑑』には別名としてイタブ、イタビ、コイチジクを列記し、「一名コイチジクはイチジクに似て小形であるからである。古名はイチジクである」と説明がつく。これだけ曰く因縁を知ると木の名をすんなり覚えられる。

割れると下からムクムクと種がわき上がるフヨウ

色重ねが粋なカワラタケ

踏みしだく音も楽しいクヌギの落ち葉

サクラの落ち葉

福岡市美術館周辺に何本かあるクヌギだが、大きく丸い実は他のドングリに先駆けて落ち、子どもたちに人気なのかすぐになくなる。落ち葉は踏むとザクザクと割れてしまうほど肉厚で、細長い葉形、リズミカルな鋸歯(きょし)と几帳面な葉脈が美しい。
他の季節はモミジバスズカケノキでもいいが、枯れ葉だけはあえてプラタナスと呼びたい。これは世代的な偏見、センチメンタルなシャンソンの楽曲が心底にある。だがよく考えれば、こんなに大きな葉では、あんな繊細な雰囲気ではなく、バサッとか、ドサッのような気が……。この落ち葉を見るたびに若かりしころ、憧れたヨーロッパの街角を思い出す人も多いだろう。

メタセコイアの落ち葉

アキニレとケヤキの落ち葉

プラタナスの落ち葉

冬至《とうじ》

十二月二十二日ごろ

冬の真ん中にきてしまった。陰が極まって陽が返ってくる一陽来復。昼が最も短く、これから徐々に日足が伸びる。とはいうものの時折、雹《ひょう》やみぞれ交じりの雨が降り、最高、最低気温とも一桁台を行きつ戻りつ。少し寒さには慣れたとはいえ、折り返した太陽の運行とはひとテンポ遅れの大気、まだまだ温度計は降下し続ける。

大濠の中央あたり、ボートをこぎ入れないようにと南北を仕切って杭を打ち、鎖でつなぐ。そのズラリと並んだ杭が水鳥たちの格好の憩いの場。岸から離れて人にはじゃまされないし、一羽ずつ載るから仲間にも煩わされない、いわば個室のようなもの。種別を超えてみんなが狙うので、なかなか順番は巡ってこない。だいたいどの杭もいつも誰かに占領されている。あぶれた水鳥はユラユラ揺れる鎖に止まって待つのもいれば、空いたらすかさずと近くの水面に待機するのもいる。おもしろいことにこの奪い合いは冬場だけ。渡り鳥が旅だって留鳥だけに数が減ると見向きもしない。人気の心理は人も鳥も同じか。

最近、大濠周辺には瓦屋根が少なくなってスズメは減る一方なのに反し、なぜかムクドリは徐々に増えている。この時期、夕暮れにギュルギュル

ヤブツバキ[⬆➡]が咲くとメジロが群れて蜜を吸う[⬉]。花弁が肉厚だから、細いメジロの爪跡がつき、よく見ると花はどれも傷だらけ。もちろん受粉してもらうのが目的だから、メジロの気を引くように鮮やかな花びらの色を選び、蜜を用意した。花が痛んで本望だろう

茂った樹間にエナガ[⬉]の群れが遊ぶ。とても小さくて身軽なのでアッという間に飛び去ってしまう
杭の上に水鳥たち[⬈]が一列縦隊

とうるさくさえずりながら、数百、数千という連隊を組んでうねるように飛ぶ様は圧巻。ねぐらにする大木の枝ぶりを品定めして周囲を旋回する。仲間意識も強いが、焼けるほど夫婦仲もいい。昼間はだいたい二羽単位で寄り添う。もちろんムクドリというぐらいだから、ムクの実が大好物。いっせいに熟すこのころは大忙し。他方、マンションだらけになってスズメはどこに巣を作るのだろうと心配していたら、公衆便所の瓦の下から飛び出してきた。そうなんだ、生き物を育む小さな隙間がかろうじてまだ公園には残っている。

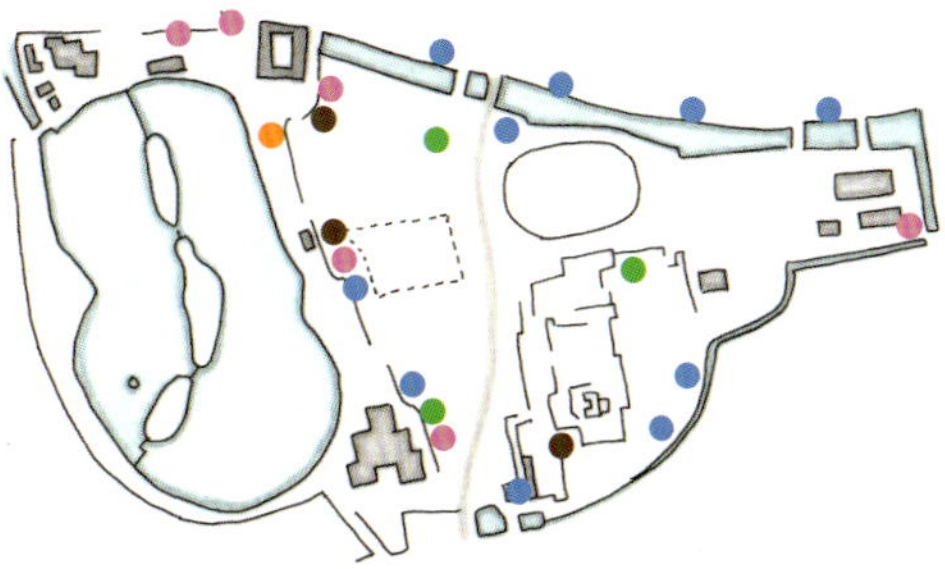

● ヤブツバキ 赤 白 薄紅
● クスドイゲ
● ヤドリギ
● イスノキ
● スギ

クスドイゲの刺の先から新芽が出てきた

クスドイゲの幹に二段構えの棘が突き立つ。棘の数はやたら多いが、そのうち棘の先から若葉が芽吹いて、新しい枝として細くしなりながら伸びていく。棘は若木に多いという図鑑の説明にも納得。初めて出合った時は武装した姿が攻撃的なので驚いたが、足しげく通ううちにそのやさしさにほだされる。しだれた枝を広く張り、陽の光を通すような黄緑の柔らかい丸みのある葉を茂らせる。黒い実[⬅]は小鳥たちのごちそうらしい。

大濠の西の鴨島、今日はカワウ[⬅]が陣取っている。冬場は日々、カワウとトビが争奪戦を繰り返す
垣根にもよく見かけるサザンカ[⬇]
ヤドリギ[➡]が寄生するのは落葉樹だから、宿主が葉を落とした後は花を咲かせ、実を熟して一人舞台

鈴なりの実だけが残ったモミジバフウ

下を向いて歩いていて変なものをいくつか同じ場所で拾った。形状から実ではないし、硬い木質は肉厚でどれも丸い穴が開く。上を見上げたらイスノキの細枝に無数についている。これが虫こぶ。葉の中にアブラムシが寄生し、大きくふくらませてカチカチの巣に作り替える。小さなアブラムシにこんな家を作る技能があるなんてと、とても納得がいかない葉っぱの変容ぶり。昔は子どもたちがその孔を吹いて笛にしたという。

実と見まがうイスノキ（＝ヒョンノキ）の虫こぶ［↖］
たくさんつけたイスノキ［⬅］
日本固有種のスギの球果［⬇］。幹が直立するので直木、スクスクと立つ意味らしい
モミジバスズカケノキの実［➡］

小寒《しょうかん》

一月五日ごろ

雪が積もると見慣れた風景が一変する。昔はもっと頻繁だったような気もするが、近年は年に１、２回しかないような。またとない機会だから、こんな日にこそ歩いてほしい。裏が白いシロダモの葉[➡]に雪が積もり、ますます蒼白になって寒そうな表情

　やや寒いはずの小寒だけれども、福岡に雪が降るのはこのころが多い。この日もうっすらと雪化粧をして朝になった。車道はもちろん、園内の歩道にも雪はなかったが、緑地帯には二、三センチの雪が積もっている。どんよりした曇り空が一転し、十時ごろから昼前にかけて吹雪いた。一時期は視界がないほど、湿り気の多い重たい雪が横殴りに荒れ狂う。その風がピタッと止むと、やはり歩いて正解だったとうれしくなるような景色が広がった。

　踏み跡のない白銀が土手道をおおう。小鳥が群れをなして、なぜか慌ただしく枝から枝へ渡っていく。葉ごとにこんもりと盛り上がった白い雪。いつもははっきりしない葉形が際立ち、何の木だかすぐわかる。シロダモはもともと葉裏は白いのだが、表に雪が積もってますます凍えたように白くかじかむ。落ち葉にも雪が積もって輪郭を描く。赤いヤブツバキが深緑の葉と綿のような雪に縁取られて一段と鮮やか。寒波が続くとの予報に、次の日は一面真っ白かと期待したが、時々降る雪はいっこうに積もらず、深々と底冷えのする一日となる。

　水鳥の番《つがい》行動はよく目撃する。例え

福岡市美術館の南の入口に雪ウサギ[⬅左]発見。白銀の世界でうれしそうに飛び跳ねている
寒さにめげず、なぜか元気な幼稚園児たち[⬅右]
濠に浮かぶ水鳥を聴衆に哀愁を漂わせるトランペット[⬅左]の練習
場所を移動しようと飛び立つマガモ[⬅右]。夫婦なのか、家族なのか、一糸乱れず息を合わせる

ば、カワウは二羽連携して小魚を狩る。かなり長時間潜って思わぬ所に首を出すのだが、水中の移動速度は人の早足より速い。時間は二、三分を超え、距離も一〇〇メートルは下らない。他の水鳥と比べると胴の沈み具合が深く、時には首だけが水面から出ていることも。浅い岸近くに小魚は多いようで、近寄りたいのだが散歩する人を気にしてなかなか近づけない。それが証拠に人がいなくなると、さっそく一メートル近辺まで追い立てる。

季節によって水の透明度は変化するようだが、寒波で気温が下がりっぱなしのこの時期は底まで見えるほど澄む。透明度の高い水中だからこその共同作戦なのか、多少のずれはあるものの息継ぎに頭を出す場所やタイミングはほとんどいっしょ。他の水鳥は人に餌をねだることがあっても、カワウだけは警戒心が強く、近くで目にする機会はめったにない。

いつもは大木が鬱蒼として薄暗い城址南辺だが、白く積もった雪の明かるさで細部まではっきりと見えるよう。木々もいつになく数多く感じられる。枝の両脇に長細い葉を平らに開くミミズバイ[⬅]。雪を被ると葉の有り様が際立ってくる

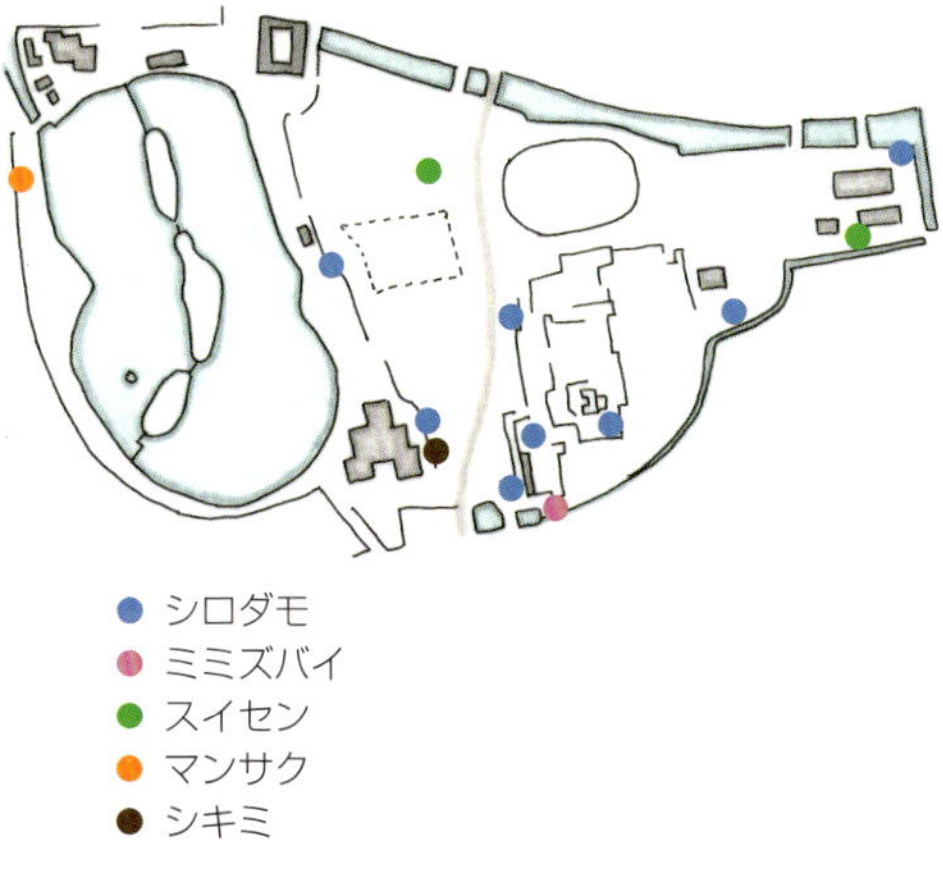

年頭まず咲くのでマンサクと名づけられた

群生するスイセン、香りは夜の方が強い

真っ直ぐな枝ぶりからケヤキ[➡左]と名づけられたとか。雪に堪える姿も潔し
例のウメ[➡右]。逆にウメは枝ぶりが複雑なので、陰りのある演出
もう春だから咲いたはずなのにと、花壇で縮こまるパンジー[⬇]

アキニレの実がまだしがみついている

キヅタには小さな独楽のような実がなる

1月に入ってポツンとシキミの花[⬅]が開いた。2月末までかなりの時間をかけてゆっくり満開になっていく。見た目はすがすがしいクリームイエローの繊細な姿だが、意に反してこれが有毒らしい。秋に熟す実は中国料理に欠かせない八角にも似るが、扱いは要注意。とはいうものの毒すなわち薬のたとえ、風邪薬の原料になるのだとか。もともとシキミは「悪しき実」から名前がついた。

センダンの実[⬅]が鈴なり
葉が落ちて現れた、まるでネックレスのようなツタの短枝[⬇]。春にはこの枝から新芽が出る

大寒《だいかん》

一月二十日ごろ

暦的には最も寒い大寒だが、福岡城址ではウメがほころび始めて、その風の便りにぽちぽちと人出が増え始める。とはいうものの、まだ草や木、虫の動きが少ない冬場は、動きが活発な鳥にどうしても目が行く。

小太りのオオバンが飛び立つ様は、ちょっとユーモラス。体重を意識してか、せずか、一度舞い降りたらなかなか飛び立たないのも確か。どちらかというと水面をひた走る感じ。水ひれのついた足で交互に水面を激しく蹴る。もちろん羽ばたいて浮力をつけてはいるが、急いで現場を離れたいときは、飛び上がるより水面を走った方が移動が早いというわけらしい。

丸ポチャッと重いカモ類も似たり寄ったり。ところでオオバンはもちろん水鳥だけど、アヒルのように全指がつながった水かきではなく、一本一本の指の横にひれがつく。近寄ったときに注視すれば水中に一風変わった足先が見て取れる。

それに反してユリカモメなど体が小さくて翼が大きい水鳥は難なくフワッと浮き上がる。大型のサギ類は身をかがめて力を貯め、瞬発力で一息に飛び立つ。身を空に浮かせるには、それぞれに体形にあった秘訣があるらしい。

この時期は群れて輪を描くトビ[↖]をよく目撃する
コサギ[⬆]はあまりいない上に用心深くてなかなか出合えない
手を挙げるといち早く集まるユリカモメ[⬅]。空中で掠う、掌からついばむ、頭に載る、人を怖れない傍若無人な振る舞いがまた気に入った
長い間咲くハコベ[➡]

測 量 標

四等三角点「(大濠)公園」

ここに埋設されている御影石は、四等三角点と呼ばれる標石で、上面十字の中心は、地球上の正確な位置を示しています。
三角点は、地図づくりを始め、いろいろな測量の基準となる重要なものです。

地 球 上 の 位 置

東 経	130度 22分 38秒149
北 緯	33度 34分 58秒868
標 高	1m 71cm

国 土 地 理 院

大濠の地球上の位置を示す国土地理院の測量標[⬆]。並んで立てば自分の立場がはっきりする。大きな地球の小さな一員という身の丈と、たった1人きりの存在だという尊大な思いが入り混じる

観月橋からまかれる食パンの耳を、高い空を旋回していたトビが見つけて集団で下りてきた。近くで見るとさすがに威風堂々。トビがすぐ上を舞い始めたら、他の鳥はサッと場を譲る。大きな翼の角度を変えてヒューッと斜め直線で下りてきて、大きな両足の脚爪でわしづかみにする。飛び上がりざまに首を巻き込み、両脚を前に上げて、パンをくちばしに受け渡し、次の瞬間には方向を変えて旋回する。数羽のトビが順送りにその技を披露。あまりのみごとさにパンがなくなるまで見とれてしまった。

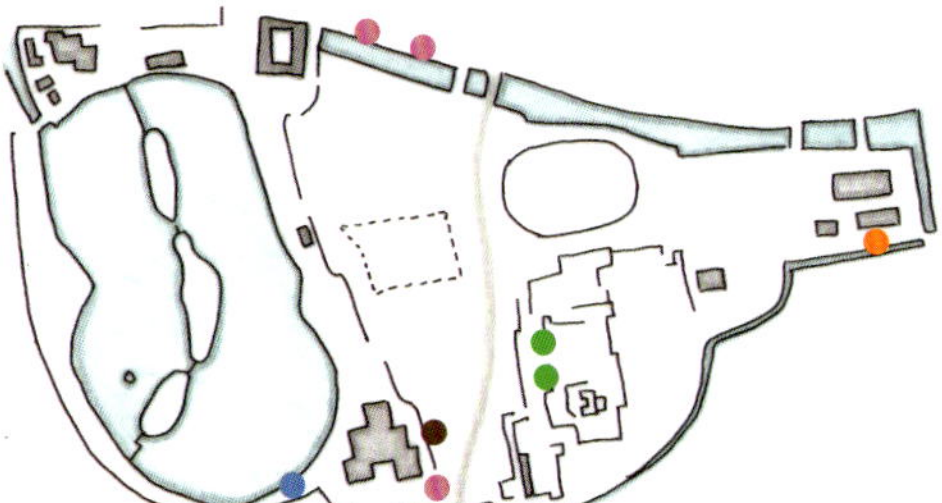

● 国土地理院四等三角点
● ヤエザクラ
● シダレザクラ
● フヨウカタバミ
● クロキ

ふくよかな匂いに春の陽射しを感じる白梅

紅梅には梅ヶ枝餅が似合う

寒さが頂点に達したということは、すでに次の季節の準備はかなり進んでいる。大寒の声を聞くとすぐさまサクラの花芽がふくらみ、タンポポが黄色い花をほころばせ、月末には長い期間咲き続けるハコベやオオイヌノフグリがポツポツとかわいらしい花を開く。月が変われば寒風の中、マメカミツレ、タネツケバナ、チチコグサの花も見かけるようになる。これで大濠のまる１年が経過したわけだが、2010年の夏が猛暑で、秋への展開が遅れたように、それぞれの年で季節の移り変わりには、ずれが出る。草木一つひとつの事情で、裏年があったり、豊作の年があったり、表情を変える。また人為的な干渉で芽吹く場所も移動する。それに生きているのだから命の終わりもやがて迎える。ここで出合えるのは今。

カタバミで年明けいちばん先に咲くフヨウカタバミ

ヘクソカズラの実が黄金に熟す

ヤエザクラに芽立ちの気配

例えば、仕切りのために置く植え込みやグリーンベルトの草花はほとんど外来種が選ばれる。明治維新から150年も経つのに、もうそろそろ外国かぶれから脱却してもいいのではないか。人が加勢するから、在来の草花が姿を消そうとしている。

最初は人の憧れが持ち込んだものだが、美しかった花は実をつけ、無数の種をあたりにばらまく。そうやって帰化植物は日本中の公園や庭をよく似た顔ぶれで席巻しつつある。国内外を問わず多くの人々が集い遊ぶ街中の公園だからこそ、その地域特有の在来種も植えてほしい。敗戦から60年、そろそろ自尊心を取り戻して、日本の、北部九州の四季を彩ってきた奥ゆかしい花々を再認識してもいいのではないだろうか。

あちこちにキクラゲ

シダレザクラも芽がふくらんで枝が輝く

クロキに花が咲いた

ややこしい幹の結び目

根から直に末広がり

あっ接吻しちゃった

契り合う連理の枝

見開いた木の大きな瞳

いつの間にか溶け合う幹

奇々怪々な幹のほつれ

何のための棘だらけ

流れ出す根、変化自在な幹

樹の幹や根には、不思議なことに誰しも同じような既成概念をもっている。背丈あたりから四方に伸びた枝、その枝先には無数の葉が茂る。円筒の太い幹が突っ立って、地面に近づくと少し広がり、地下の根につながる。いったいこのイメージは、どこで植えつけられたものだろうか。身のまわりを見渡してもそんな樹などどこにもない。

常識が正しいとは限らず、いちばん現実離れしていることもある。それがわかったところで、事実に即した新たな認識に入る。あるがままの樹の姿の方が何倍もおもしろい。その形になるにはそれなりの理由があり、次の世代に受け継ぐ意味がある。どうしてなのだろうと考えるところから、樹々に対する理解が深まっていく。

枝、幹、根と言葉では分かれているが、実際は切れ目なくつながっているわけで、意外と変化自在らしい。己と他も人ほどは遠くないらしく、接すればいつの間にか溶け合ってしまう。例えば、細い何本もの藤蔓は年月とともに太い幹にまとまっていく。逆にスダジイの古木は網の目状に解けているような印象を受ける。

優雅に裾をぞろ引く

潔くスパッと別れた幹

胸にしがみつく子

ドラえもんポケット

グスッと支える蛸足

翼を立ててしっかり安定

瘤だらけの太っとい根

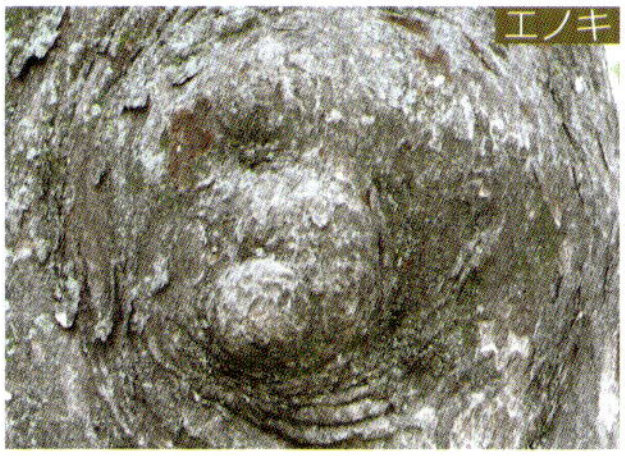

ボーッと浮かび上がる顔

アフロヘアがお好き

隣と仲良く連理の根

根から立ち上がる子々孫々

根性の捻れた臍曲がり

張り巡らせた情報網

全姿衣装をまとう

枝はメドウサの髪

縦軸から横面への変貌

落葉するか、常緑でいくか、それが問題だ

それぞれの落葉樹は各々の流儀で少しずつ彩りを変えながら葉を落とす。これを葉っぱの経済学だといえば合点がいくだろうか。

おおざっぱに説明すれば、樹木は水と二酸化炭素を材料に光合成でブドウ糖をつくり、それをエネルギーにして呼吸をする。合成できるブドウ糖が、呼吸で失う量を下回ったとき、効率が悪くなった葉をあっさりと手放すのだとか。

常緑樹も葉の新陳代謝はするが、時期が際だって目立たないというだけのこと。それに対して落葉樹は乾燥と低温がスイッチとなる。厳しい冬に向かって維持する経費を節約するか、春いっせいに新しい葉をつくる経費を節約するか、それが落葉樹と常緑樹の分かれ目らしい。

ここにはどちらが多いのだろうと何度となく眺めるけれど、いつも同じぐらいに思えて結論が出ない。数の多いクロマツ、クスノキ、アラカシ、ヤブツバキ、シイ類が常緑樹の代表、一方、ムクノキ、エノキ、サクラ、ヤナギ、ケヤキが落葉樹の元締だろうか。

大きさといい、立ち姿といい、惚れ惚れとするみごとなクスノキ[➡]。これだけ大きい樹はこの西横に１本、警固中学校裏に１本

フェンス越しのソテツ[⬅]

幼木から自力で育ったワシントンヤシモドキ？[↙]が１本離れて濠縁に立つ

宿主の落葉樹が葉を落とした後で存在を顕わにする球形のヤドリギ[⬇]

のびのびと遠慮なく育った美しい樹形のエノキ[↑]
アキニレの春の芽立ち[←左]、葉が茂った夏[←右]、花を咲かせ実をつけ、黄葉して散る慌ただしい秋[→]
繁茂したケヤキと空に伸びた冬の枝ぶり[↙2つ]
城の石垣の傾斜と平行に大きくなったムクノキ[↓↘]、夏には木陰を提供し、冬には陽射しを分け合う

少し沈み気味のカワウ

癇の強いヒヨドリ

歩く姿をよく見るシロハラ

どっと来る渡り鳥、いつもいる留鳥

縮緬模様のヒドリガモ

仮面舞踏会仕様のオオバン

おっとりしたオカヨシガモ

いつもいっしょのマガモ夫婦

ひょうきんなキンクロハジロ

上目遣いのハシビロガモ

寒さの中、じっと濠面に浮かぶ無数のカモたちを見て、「こんなにたくさんいて、食べ物は足りるのだろうか」と心配した人も多いはず。人の公園散歩は昼間の短時間がほとんどだから、カモの行動を四六時中見張っているわけではない。つまり、見たことがある人には毎度のことだが、一般的な生活をしていては立ち会えない起床前と夕飯時の時間帯に、感動的な場面が日々繰り返されている。

陽が沈んでちょうどたそがれ時になると、コソコソとざわめき、やがて意見がまとまって群れをなして飛び去る。そして翌朝、陽が昇る前の薄暗さの中、編隊を組んで戻ってくる。いっしょに行ったわけではないから、どこに向かうのかはわからない。博多湾の干潟あたりで餌を調達しているのだろう。しかし疑問なのは、夜と干潮が必ずしも一

人の動きを観察するカラス

飛翔するアオサギ

冠をつけた婚期のアオサギ

やさしい眼差しのキジバト

アオサギの好きな場所

いつも群れるシジュウカラ

レースをまとう婚期のダイサギ

小魚を狙うダイサギ

道案内を申し出るセキレイ

スズメとムクドリは仲良し

コサギは気も小さい

致はしないこと。ずれはどう折り合いをつけるのだろうか。

　大濠までたどり着くのは、毎年同じ顔ぶれではないようだ。人のように土地所有権をやかましく主張しないから、年によってかなりの増減がみられる。それでも、種別にお気に入りの場所はあるらしい。ホシハジロは元平和台の北側の広い濠、オカヨシガモは保険センター横の大木の木陰、カワウは鴨島周辺、ハシビロガモは裁判所北の東端、オオバンは気象台近くの濠縁、ユリカモメは観月橋近辺を探せばたいがい出合える。

　ここでは右ページが冬に大挙して渡ってくる面々、左ページが一年中姿を見かける留鳥。ただセキレイは留鳥化しているとはいわれているが、夏はあまり見かけなかったような気がする。鳥に関しては五月から九月まで住民は極端に少ない。

この大濠の2009年11月から2010年10月までの１年間の観察記録は，遠足友達の田平靖子さんに出会ったことで実現した。同じ仲間の萩原礼子さんが画を描き，先立つ１年間，３人で節気ごとに短いレポートをまとめた。それで再認識したのが身近な緑地の豊かさ，今の大濠をとどめたいと改めて取材し直す。道を変えながら毎日歩くのだが，必ず何か発見して感動し，なぜだろうと考え込む。

そこに虫も鳥もいると気づいたころ，山本弘子さんと出会い，福田治さんにつながった。福田さんのブログ「福岡市の蝶画像掲示板」や「街中のほんの小さな自然」，図鑑類で多くのことを学ぶ。また，九州大学名誉教授・三枝豊平先生には「昆虫類はその形態，行動などの進化幅は新参者の人類はおろか哺乳類もとても及ばない多様性をあらわしています」と対峙する姿勢を教えていただいた。

菌類

小動物

草

写真索引

植物

樹

勝瀬志保（かつせ・しほ）
1949年、福岡市生まれ。中・高校はプロテスタント系、大学は神道系、天台宗の寺院に寄宿し、卒論は仏教説話。アルベール・カミュの『手帖』に触発されて南仏に留学。帰国後、地元新聞社文化部でアルバイトした後、同僚の竜田清子さんと編集事務所を立ち上げる。1999年から「おとなの遠足」シリーズ（海鳥社）の出版を続けるも、2005年11月19日に竜田さんが病で他界。本書が久々の取り組みとなる。

大濠《おおほり》の季節《きせつ》

■

2011年2月4日　第1刷発行

■

著　者　勝瀬志保

発行者　西　俊明

発行所　有限会社海鳥社

〒810-0072　福岡市中央区長浜3丁目1番16号

電話092(771)0132　FAX092(771)2546

印刷・製本　大村印刷株式会社

ISBN 978-4-87415-806-7

http://www.kaichosha-f.co.jp

［定価は表紙カバーに表示］